(Par Gautier du Tronchoy, d'après Barbier)

JOURNAL DE LA CAMPAGNE DES ISLES DE L'AMERIQUE,

*Qu'à fait Monsieur D ****

La prise & possession de l'Isle saint Christophe, avec une description exacte des Animaux, des Arbres, & des Plantes les plus curieuses de l'Amerique.

La maniere de vivre des Sauvages, leurs mœurs, leur Police & Religion.

Avec la Relation de la surprise que voulut faire la Garnison de Fribourg sur les deux Brisack.

Par G. D. T. Enseigne dans le Vaisseau du Roy, le Zeripsée.

A TROYES,

Chez JACQUES LE FEBVRE, Imprimeur & Libraire, grande ruë, à l'Image S. Augustin.

M. DCC. IX.

Avec Permission.

A MONSEIGNEUR MONSEIGNEUR ~~DE FRANCIERES~~ COMTE DE CHOISEUIL

Premier Maréchal de France, Chevalier des Ordres du Roy, Gouverneur des Villes & Citadelle de Valanciennes, Langres, &c.

MONSEIGNEUR,

Le respect & la véneration que mon pere & toute sa famille à pour vôtre Grandeur, joint à l'ordre que vous m'avez donné de faire transcrire mon Journal des Isles de l'Amerique, m'oblige à suivre ses sentimens, dans la liberté que je prend de vous l'offrir. Je tremblerois, MONSEIGNEUR, *de vous presenter si peu de chose, si je n'étois rassuré par cette bonté & cette grandeur d'ame, qui sont si generallement connües de tout le monde, & si je ne tachois par un si petit hommage, à m'aquitter de la moindre partie des respects & des obligations que nous vous avons. Que je m'estimerois heureux,* MONSEIGNEUR, *si je me sentois assez de force pour oser ici tanter quelque reconnoissance sur la loüange de vos vertus & sur une infinité de belles actions, qui font depuis si long-tems le sujet de l'admiration de toute l'Eu-*

rope. Je ſçay que ce ſeroit une trop grande temerité à un Gentil-homme élevé dans les Armes, d'entreprendre un ſujet ſi haut, & publier tant de belles veritées. Je m'en diſpenſe, **MONSEIGNEUR**, *par ma propre foibleſſe, & me contente d'avoir le bonheur de vous aſſeurer que pendant tout le cours de ma vie je ſeray avec toutes ſortes de reſpect, & de ſoûmiſſion, de vôtre Grandeur,*

MONSEIGNEUR,

Le tres-humble & tres-obéïſſant ſerviteur,

G. D. T.

PERMISSION.

PErmis d'imprimer, à Paris ce 24. Octobre 1700.

Signé, M. R. DEVOYER D'ARGENSON.

AVIS
AU LECTEUR

LE voyage des Isles Françoises de l'Amerique est presentement si commun ; & l'on en voit paroître tant de relations, que l'on sera peut-être surpris que j'ose donner ce Journal au public.

Mais outre que l'on y trouvera une infinité de particularitez remarquables, que je n'ai jamais lûës nulle part, j'avouë que je l'abandonne plutôt aux sollicitations de plusieurs amis de marque & de distinction, qu'à aucune envie d'être Auteur.

C'eſt pour eux principalement que j'écris ce que j'ai remarqué de plus curieux dans les Iſles Françoiſes de l'Amerique touchant les animaux de terre & de mer, des oiſeaux, des arbres, des fruits, & des plantes, de la maniere de vivre des habitans, des Negres & des Sauvages, que l'on nomme *Caraïbdes*, qui poſſedoient autrefois toutes ces Iſles.

Ce que je dis de l'origine de notre établiſſement dans les principales Iſles que nous occupons, & de ce qui s'y paſſa de plus remarquable, je l'ai tiré d'un manuſcrit du pays ; un ancien Magiſtrat, qui le tenoit de famille, & avec qui j'ai eu une amitié particuliere, me le donna avant mon départ. Ainſi l'autorité de cette relation diſpoſera au moins les Lecteurs à pardonner volontiers les defauts d'un ſtyle peu limé, ſur-tout à une perſonne qui a paſſé ſa jeuneſſe dans les mouvemens continuels de la guerre.

Au reſte je j'ay creu ne pouvoir me diſpenſer d'expliquer, comme j'ai fait, certains termes de marine, dont l'intelligence eſt neceſſaire pour cette lecture, & que tout le monde n'eſt pas obligé de ſçavoir, comme *ſtribord* qui veut dire la droite, *babord* qui ſignifie la gauche, *mettre à ſec*, ou *à la cappe*, c'eſt à dire, naviger avec ſes voiles ſerrez, à cauſe du gros vent.

On ne doit pas non-plus trouver étrange, que pour faire un plus juſte volume, j'aie mis à la fin de cette relation celle de l'entrepriſe que fit la Garniſon de Fribourg ſur les deux Briſacks. Ceux qui n'ont ſçu qu'imparfaitement de quelle façon échoüa le deſſein des ennemis, trouveront quelque plaiſir à lire le recit fidele & le détail exact que j'en fais. Je m'y ſuis trouvé étant Major du Regiment de Clermont-Tonnerre, Infanterie, alors Pertuis. Ceux qui croyent le ſçavoir mieux, y trouveront peut-être des circonſtances aſſez conſiderables, pour n'être pas fâchez de les avoir appriſes.

JOURNAL DES ISLES DE L'AMERIQUE

LORSQUE nous fusmes du Port de Rochefort, moüiller à l'Isle d'Aix, à cinq lieuës de la Rochelle ; rade où tous les Vaisseaux qui arment restent quelque tems, pour prendre leurs canons & leurs poudres ; nous y rencontrâmes trois Escadres differentes, celle qui devoit aller à saint Domingue, que commandoit Monsieur le Marquis de Châteaumorant, montant le François, Monsieur de Morville, qui étoit avec lui, avoit le Vvespe.

Celle de Michipipi, nouvelle découverte, étoit commandée par Mr. d'Hiberville qui montoit la Badine, il avoit avec lui le Marin dont Monsieur de Surgere étoit Capitaine.

Et la nostre qui avoit pour Amiral Monsieur de Pontac montant la Renommée, accompagné de l'Aigle dont Monsieur de Bussi etoit Capitaine & le Zeripsée, Vaisseau pris autrefois sur les Hollandois, monté par Monsieur Guimont du Coudray.

Le Vendredi douzième Septembre 1698. nous appareillâmes de la rade de Chef de baye avec un vent de Nord nor-d'Est à midi; les vents varierent sur les trois heures à Ouest Nord ouest, ce qui nous fit moüiller au pertuis d'Antioche.

Nous n'apareillâmes que la Renommée & nous, l'Aigle étant resté à l'Isle d'Aix, pour se racommoder d'un bordage qui lui avoit largué.

Le François & le Vvespe pour St. Domingue.

La Badine & le Marin pour la decouverte de Michipipi, moüillerent aussi avec nous.

Le Samedi treiziême, nous appareillâmes de la rade des Basques près la Rochelle, où nous avions moüillé le jour precedent, & fûmes contraints de relacher à celle de Chef de baye, où nous jettâmes l'ancre, sur les neuf heures du soir.

Dimanche quatorziême, le Pontchartrain vint moüiller de l'Isle d'Aix ici, & salua Monsieur de Bel-isle, qui, comme le plus ancien Capitaine de Vaisseau, étoit Amiral de tous ceux qui étoient à la rade, de cinq fois Vive le Roy : Monsieur de Bel-isle lui répondit de trois, il montoit pour lors l'Ecole, qui est un Vaisseau que le Roy a coutume d'armer en tems de paix, & donner à un de ses plus anciens & habiles Capitaines, pour apprendre l'art de la Navigation à ses Officiers & Gardes de la Marine ; il n'y a dans ce vaisseau de Matelots, qu'autant qu'il en faut pour faire les manœuvres hautes, les basses s'executant par les Officiers & Gardes que l'un des deux corps commande, en presence du Capitaine qui en fait faire pendant l'espace de trois mois de toutes sortes : cette petite campagne finie, d'autres se rembarquent pour faire le même exercice : rien n'est, à mon avis, plus utile, ny plus capable de faire de bons Officiers, fortifiant les uns & empêchant les autres d'oublier leur metier.

Dimanche vingt-uniême nous appareillâmes sur les six heures, les vents étant à l'est, nous moüillâmes sur les onze heures du matin par les vingt-deux brasses d'eau entre l'Isle d'Oleron & saint Martin de Ré,

Lundi vingt-deuxiême Septembre, nous fûmes contraints de relacher encore à Chef de baye. Le Diamant de saint Malo que devoit commander Monsieur de Gennes Capitaine de Vaisseau, & à present Gouverneur de l'Isle de S. Christophe en Amerique, our la campagne de la mer du Sud ntra par le pertuis d'Antioche, le ontchartrain étoit de la même escadre.

Mercredi vingt-quatre Septembre, nous appareillâmes ſur les quatre heures du ſoir, outre nous & l'Aigle les Vaiſſeaux deſtinez pour S. Domingue & ceux de Michipipi, & embarquâmes apres la Chalouppe & le Canot.

Lundi vingt-neuf Septembre nous perdîmes à ſix heures du ſoir de veüe l'eſcadre de Monſieur d'Hiberville & nous ne pûmes découvrir que la Renommée, le François, l'Aigle, le Vveſpe & un petit navire Marchand.

Mercredi premier Octobre, ſur les cinq heures du ſoir, nous découvrîmes une terre d'Eſpagne qui nous reſtoit au ſud demy quart ſud-eſt à environ douze lieues, le temps étoit fort obſcur, nous ne pûmes ſçavoir préciſement qu'elle terre c'eſtoit, à cauſe qu'elle étoit fort embrumée, nous la crûmes cependant Cap de Pinas.

Dimanche cinq, depuis tres long-tems l'on n'a vû un si cruel temps. Nous essuiâmes pendant huit jours, des vents & une mer si épouventable, que nous fûmes presque pendant tout ce tems-là à la cape seche, c'est à dire, sans voile; la plûpart de nos navires étoient incommodez; ce qui fit resoudre Mr. de Pontac nôtre Amiral de relâcher au Port Louis sur les côtes de Bretagne, afin d'y attendre un vent fait, & prendre un remplacement de vivres; aussi-tôt qu'il eût fait vent arriere, nous arrivâmes tous en même tems.

Lundi six Octobre, l'on découvrit la terre de Belle-Isle, & nous y moüillâmes sur les cinq heures du soir par les treize brasses d'eau, nous passâmes par la pointe de l'Omaria pour y aller; la Renommée, l'Aigle, le François, le Vvespe & nous.

Mardi sept, nous mîmes à la voile pour aller à Grois petite Isle à deux lieuës lieues du Port Louis, nous laiſſames à la rade les Vaiſſeaux, l'Avenant, & le Dragon, qui venoient de ſaint Domingue; ils avoient moüillé un peu devant nous, & diſoient avoir été huit jours à l'atterage, à cauſe des broüillards continuels qu'ils ſouffrirent.

Eſtant environ à moitié chemin de Bel-iſle à Grois, nous apperçûmes pluſieurs fois les frains d'une pierre qui eſt entre les deux Iſles, qui n'eſt point marqué ſur les cartes.

Cette pierre eſt au Nord de la pointe du Nord Oueſt de Belle-Iſle, environ deux lieues, & au Nord nord-oueſt de la pointe de l'eſt ſud-eſt de l'Iſle de Grois environ trois lieues; ſi on fait le nord oueſt partant de la rade de Belle-iſle, on va deſſus faiſant le Nord nord-oueſt, on pare tout, pour aller à Grois.

Ce même jour à deux heures apres midi, nous mouillâmes à la rade de Grois par les quinze braſſes d'eau, fond, ſable fin & blanc, tous les cinq Navires de l'eſcadre.

Nous reſtâmes à Grois depuis le mardi ſept Octobre juſqu'au jeudi ſeize dudit mois, que nous en partîmes, aprés avoir pris un remplacement de quinze jours de vivres, & fait notre eau.

Dimanche dix-neuf, le Pilote ſe faiſoit nord & ſud du Cap de finiſterre ſur les trois à quatre heures du matin, & à midi il s'en faiſoit à vingt-trois lieues; l'on l'appelle Cap finiſterre, c'eſt-à-dire, fin des terres.

Mardi vingt-un, le jour n'étoit pas encore bien clair que nous apperçûmes une Flotte de quinze vaiſſeaux & flûtes dont le Commandant tira un coup de canon & mit un feu à poupe, pluſieurs de ceux qui étoient devant mirent leurs huniers ſur le maſt pour nous laiſſer paſſer; ils couroient au Nord nord-oueſt au plus prés, & nous au ſur-oueſt quart de ſud, les vents étoient nord d'eſt. Il ne nous arriva rien de remarquable jusqu'au Mardi quatre Novembre, nous passâmes le Tropic du Cancer, selon lahauteut du Pilote sur les huit heures du matin, où nous fûmes six jours en calme, sans le moindre vent; je croi qu'il ne sera pas hors de propos de remarquer la Cerémonie du baptême que l'on pratique, quand l'on passe la Ligne équinoctiale, l'un des deux Tropiques, le Détroit de Gibraltar, ou quelques autres passages dangereux.

Dans ces lieux les François & les Hollandois ont coutume lorsque le temps le permet de baptiser les Matelots, Soldats & autres gens de quelque qualité qu'ils puissent être, lors qu'ils n'ont pas passé par ces endroits; si même le navire n'a pas fait le voyage : le Capitaine est obligé de faire un present aux Matelots, sinon ils sont en droit de couper le nez au vaisseau, c'est-à-dire, l'éperon.

Sur les neuf à dix heures, le tems

se mit au beau, il faisoit une chaleur excessive, lorsque l'on sonna la cloche, pour faire monter tout le monde sur le pont, afin de commencer le baptême de la maniere suivante.

L'on met d'abord en panne, c'est-à-dire, l'on oriente les voiles d'une maniere que le vaisseau n'avance ni recule ; le Pilotte & le Maître, accompagné du contre-maître & des aides pilotes se noircissent le visage comme des démons, & prennent leurs capottes que l'on diroit étre des robbes de réligieux avec leurs capuchons ; pour chapelet un raquage dont les grains sont plus gros que le poing ; ils font un bruit épouventable dans cet équipage, avec des tambours, des chaudrons, des pelles & des morceaux de fer qu'ils touchent l'un contre l'autre, le Pilote qui represente Neptune avec un trident, tenant à la main un grand livre de cartes marines, marche tres gravement, suivi de ces autres figures à faire mourir de rire par leurs contorsions ; ils entourent une grande cuve remplie d'eau de mer qui est placée sous la grande hune, & envoyent aussi-tôt querir par leurs horribles gardes ceux du navire qui n'ont jamais passé dans ces endroits, les uns apres les autres ; quand un est arrivé l'on le fait asseoir sur une pince de canon qui traverse cette cuve d'eau, deux de leurs gardes tenant les deux bouts de cette pince, Neptune aprés avoir fait jurer le patient sur les cartes, qu'il observera en passant les mêmes cérémonies & s'atachera à son devoir, lui fait une croix au frond de noir de fumée, & le renvoye aprés qu'il lui a jetté quelques goutes d'eau salée sur la tête ; mais s'il ne donne point d'argent, où qu'il fasse le mauvais, les diables qui tiennent la pince de canon la tirent & font tomber le réprouvé dans cette grande cuve pleine d'eau de mer, où ils le plongent sans misericorde, pendant que d'autres dessus la hunne ont soin de le baptiser à grand seaux sur le corps, c'est un tintamare & un bruit épouventable dans tout le vaisseau pendant cinq ou six heures, les Officiers même ne sont pas exempts de cette cérémonie lors qu'ils n'ont point passé les endroits que j'ay nommé, & sont obligez de se mettre sur la pince, faire le serment, essuïer quelques goutes d'eau, & donner quelque chose; le baptême fini, l'on fait servir & l'on prend sa route, l'équipage continuant le reste du jour ses réjoüissances avec de l'eau de vie & autres douceurs qu'on leurs a donné.

Mardi onze Novembre, sur les quatre heures & demie le garçon du maître du Vvespe qui étoit de la Rochelle tomba à la mer & fut noyé avant qu'on put lui donner du secours, il y fut deux canos qui étoient à bord du François, mais inutilement.

Le même jour nous prîmes une Dorade de six pieds de long, c'est le plus beau & le meilleur poisson qui soit sans contredit dans la mer ; l'on la nomme dorade, parceque lorsque le soleil donne sur ses écailles elle paroit toute dorée, elle a un goût merveilleux ; nous vîmes aussi le soir un oiseau que l'on appelle Palenqun, parce qu'ils ont plusieurs plumes tres longues à la queuë.

Mercredi douze, nous vîmes un oiseau nommé Polacre, d'un plumage grisatre, l'on en voit quantité sur le grand banc ; nous vîmes sur le soir aussi un des plus fameux poissons que l'on puisse voir à la mer, son nom est Demoiselle.

Lundi dix-sept, sur les trois heures du soir le François mit pavillon, tous les autres vaisseaux l'ayant mis aussi, il salua le Commandant de neuf coups de canon, & arriva à Ouest, pour aller chercher avec le Vvespe la Guadelouppe l'une des Isles Françoises de l'Amerique ; le Commandant lui rendit coup pour coup, & nous continuâmes nôtre route à oueſt ſur oueſt, la Renommée, l'Aigle & nous vîmes dans ce tems-là de gros oiſeaux que l'on appelle fols, gros comme des canards, & qui rodent ordinairement autour des Iſles & des rochers qui ſont un peu avancez dans la mer.

Dimanche vingt-trois, peu de tems aprés midi on vit trois Fregattes oiſeaux qui volent ſi haut, que c'eſt tout ce qu'on peut faire que de les découvrir à la veüe, la joye de tout l'équipage eſt incroyable quand ils peuvent en appercevoir, car c'eſt un ſigne aſſuré que l'on eſt pas eloigné de la terre, & il y a peu de perſonnes qui apres une telle traverſe n'ait beſoin de rafraichiſſement.

Lundi vingt-quatre, nous nous trouvâmes à la hauteur de l'Isle de la Martinique par quatorze dégrez, l'Amiral arriva le ſoir à l'oueſt.

Vendredi vingt-huit, nous découvrîmes

vrîmes la terre sur le midi.

Samedi vingt-neuf Novembre, nous atterâmes entre le cul de sac de la Trinité, & une pointe du vent qu'on nomme Desjardins.

A quatre heures & demie du matin, étant Est & Ouest de ladite pointe, nous arrivâmes pour aller au Fort Royal, & fîmes route pour passer par le Diamant, rocher fort sain à l'entour, & situé au sud de la Martinique, environ un quart de lieue de terre.

A huit heure du matin, la terre de l'Isle sainte Alousie, la plus à l'est, nous restoit au sud sur ouest; c'est une petite Isle habitée par quelques sauvages; nous l'avons abandonnée à cause de la trop grande quantité de serpens qu'on ne peut détruire.

Le Commandant mit sa flamme qui est la marqne d'Amiral; à dix heures nous nous trouvâmes par le travers du diamant, & à midi vis-à-vis le Cap Salomon qui fait l'entrée de ſtribord de la baye du fort royal, c'eſt-à-dire, de la droite.

Dimanche trente Novembre, aprés avoir couru pluſieurs bords jusqu'à ſix heures du ſoir pour gagner le moüillage, nous j'ettâmes l'ancre à ſix heures du ſoir par les vingt-ſept braſſes d'eau fond de vaſe, le fort nous reſtoit au nord à une portée de canon; le Commandant le ſalua de onze coups de canon, & le fort rendit le ſalut de neuf.

Sur le ſoir en moüillant, nous vîmes une Flûte qui venoit du fort S. Pierre où elle avoit moüillée la nuit & levé l'ancre le matin pour entrer dans le cul de ſac.

l'Amiral la voyant ſous voile lui fit tirer un coup de canon à balle, elle crut qu'on lui demandoit le ſalut, ce qu'elle fit auſſi-tôt en tirant cinq coups de canon; il y avoit aſſez d'aparence que c'eſtoit ce qu'on lui demandoit, puiſque l'on ne lui dit rien depuis, l'Amiral ne lui rendit pas le falut, cette flûte aprés avoir falué le fort, entra dans le cul de fac.

Ce Batiment mit à la voile de Nantes le même jour que nous de Grois la nuit du vingt-huit au vingt-neuf que nous étions prés de terre; le temps étoit obfcur & il faifoit un tres gros vent; elle fe trouva parmi nous à toutes voiles, leur pilote fe faifant ce jour-là à midi à cent cinquante lieues de terre; ils s'apercevrent paffant prés de nous que nous nous faifions à terre, ce qui donna envie à leurs Pilotes de faire forcer de voile pour arriver devant nous; un paffager par bonheur pour eux, fumant fa pipe fur le pont & fe promenant apperçeut la terre qui n'étoit pas à plus d'une lieue d'eux; il eft certain que s'ils avoient été à demi lieuë du côté de Stribord qui eft au nord, ils fe feroient perdus infailliblement fur une pointe de rocher, qui avance deux lieues en mer, & que l'on appelle la pointe du Précheur.

Mercredy dix Décembre, sur les six heures l'Aigle partit pour la Grenade, elle portoit les farines des troupes & Monsieur de la Hougue Lieutenant de Roy de cette Isle.

Sur les deux heures aprés midi la Renommée leva l'ancre, & fit route pour Antigues l'une des Isles de l'Amerique appartenant aux Anglois, Monsieur de Pontac alla sçavoir s'ils étoient disposez à recevoir nôtre colonie de saint Christophe.

Samedy vingt-huit Décembre l'Aigle vint moüiller à huit heures avec une prise Angloise, l'on accusoit ce Vaisseau d'avoir traité & fait le commerce deffendu des Negres, malgré Monsieur de Belair Gouverneur.

Samedy trois Janvier 1699. la Renommée arriva ou Monsieur le Général l'avoit envoyée, comme j'ay déja dit; elle raporta que les Anglois étoient disposez à nous recevoir & à nous rendre le quartier François de l'Isle que nous possedions avant la guerre, lorſque Monſieur le Général le ſouhaiteroit.

DES ISLES DE L'AMERIQUE

1699.

DU Verdier traitant du nouveau monde & de celui qui la trouvé, nous apprend qu'un petit Vaiſſeau navigeant en la mer d'Eſpagne, fut ſurpris d'une tempeſte ſi furieuſe du coſté du levant, qu'il fut tranſporté dans des pays inconnus & qui n'étoient point ſur les Cartes de navigation ; ils mirent beaucoup plus de tems à revenir qu'ils n'avoient fait à aller, n'y étant reſté vivant que le Pilote & trois ou quatre Matelots, qui extenuez par la faim & le travail qu'ils avoient depuis ſi long-tems ſuportez, moururent peu de jours aprés être arrivez au port : le Pilote de ce petit batiment nommé Andeluzo, mourut en la maison de Christophe Colombe, natif de Cuguero, où comme quelqu'uns disent d'Albizolo petit village de la riviere de Gennes prés de Savonne, qui s'empara aprés la mort de ce Pilote de tous les memoires & papiers du voïage, qui raportoient la hauteur des terres qu'il avoit découvert & trouvé.

Quelques Auteurs tiennent que cét Andeluzo trafiquoit en Canarie quand cette longue & mortelle navigation lui arriva ; tous ceux qui ont écrit sur cette matiere ne s'acordent pas en plusieurs points, ils sont seulement tous du sentiment que ledit Pilote mourut en la maison de Christophe Colombe, qui étant homme de mer y avoit fait plusieurs voyages, ayant trés bien apris les mesures des deux tropiques, de l'équateur & des climats, il devint un trés habile maître & faisoit des Cartes de navigation.

Pour être mieux informé de la côte meridionalle d'Affrique & des autres lieux où les Portugais avoient navigé, il se rendit en Portugal pour faire ses Cartes plus justes & si maria, ou suivant quelqu'uns, en l'Isle de Madere, où il est trés vray semblable qu'il demeuroit lorsque ce batiment arriva.

Les Espagnols possedent la plus grande partie de l'Amerique & s'y sont établis par des cruautez inoüies.

Le Roy de France jouit de la plus belle partie des Antilles.

Le mot d'Antille dérive d'ante insulas, c'est-à-dire toutes les petites Isles que l'on rencontre devant les plus considerables; comme S. Domingue, Portoric, la Jamaïque, Cube. Ces Antilles leurs servoient de magazin quand ils alloient aux autres.

Celles que le Roy de France possede sont la moitié de l'Isle saint Christophe dont Monsieur de Genne à present est Gouverneur, l'autre partie est habitée par les Anglois.

DE SAINT CHRISTOPHE.

L'ISLE de saint Christophe à vingt-cinq à trente lieues de circuit, & est une des plus belles des Antilles, outre que l'air qu'on y respire est parfaitement bon & serain, la terre ne refuse rien de ce qu'on lui demande, & l'habitant y fait beaucoup plus de sucre & de toutes choses avec vingt Negres, que ceux des autres Isles Françoises de l'Amerique n'en peuvent faire avec quarante; l'on peut faire le tour de l'Isle en carosse, ce qui ne se voit pas dans aucune autre; il y a une montagne au milieu que l'on nomme la souffriere, par l'abondance du souffre qu'on en tire; l'on voit par tout une infinité de Singes, qui sont trés gros & trés mêchants, les Negres les craignent & ils ne peuvent aller seuls sur les montagnes sans courir risque d'en étre attaqué; j'ay même entendu dire aux habitans du pays que quand ils peuvent attraper quelque petite fille de sept à huit ans, ils les emportent, & qu'on avoit une peine incroyable à les leurs ôter; la plus part des Negres croyent que c'est une nation étrangere qui s'est venu peupler dans leurs pays, & qu'ils ne parlent pas de peur de travailler; il y en à de plusieurs especes, j'en connois trois, Sapajoux, Sagoüins & Macaqs.

Les Sapajoux sont les plus jolis & les plus estimez de tous les Singes, ils sont les plus petits & ont un petit visage blanc, & font mil petites singeries agreables; quand ils rencontrent un Macaq, qui est le plus gros de tous les Singes, ils se mettent dessus son dos, & le Macaq les sert, les épluchent & en ont soin comme s'ils étoient leurs veritables domestiques.

Les Sagouins sont de la grandeur d'un écureuil, il y en a de gris, & d'autres d'un poil fin & de couleur d'aurore, les Sagouins pleurent toûjours.

L'Isle de saint Christophe est fort abondante en Canards sauvages, en Ortolans, en Pluviers, Sarcelles, Poules-d'eau, Crabiers, qui sont de gros oiseaux dont le col & les pates sont extremement longues; de Flamands d'un plumage couleur de feu; de Ralles beaucoup plus excellents que ceux de Genets en France: la chasse y est d'autant plus agreable, qu'il n'y a pas un serpent dans toute cette Isle; enfin l'on peut avec toute sorte de raison l'apeller un veritable jardin: Christophe Colombe la trouva si agreable, qu'il lui donna son nom par préferance à toutes les autres qu'il avoit découvert. Quelques années aprés les François & les Anglois en eurent connoiſſance dans le même tems, & s'y tranſporterent auſſi-tôt avec tant de diligence, que les François arriverent à un bout au même moment que les Anglois faiſoient décente à l'autre, ſans avoir aucune connoiſſance de leurs arrivées, ce qui cauſa entr'eux une diſpute terrible, & un procez qui ne pût etre terminé autrement, ſinon, que l'Isle ſeroit partagée entre les deux nations égallement, que la chaſſe, la pêche, la ſouffriere, les ſalines & les étangs ſeroient en commun.

Ils vivent en tems de paix enſemble avec beaucoup d'union & de commerce, mais ſi-tôt que la guerre eſt déclarée en France ou en Angleterre, ils ſe l'a font d'une telle maniere qu'il faut que le plus foible parti ſorte le baton blanc à la main; ils ſe ſont déja chaſſez trois ou quatre fois chacun; ſans ce déſagrément, les habitans y ſeroient puiſſamment riches & y pourroient mener une vie auſſi agréable qu'utile, dans le plus beau ſéjour de l'Amerique. Il y a une grande lieue du quartier François à celui des Anglois, que l'on fait toute dans une allée d'orangers auſſi gros que des noyers, ce ſont preſque tous des réligionnaires François qui ſe ſont fait naturaliſer Anglois qui y demeurent; il y a dans leurs quartiers un Miniſtre qui à ſoin de les prêcher trés ſouvent, ils ſont beaucoup plus forts que nous dans cette Isle, y ayant ſix compagnies de leurs meilleures troupes, qui ſervoient à la derniere guerre en Flandres, avec de bons forts qui commandent leur rade, & nous, n'y avons que trois compagnies de mêchants ſoldats que l'on fait aller la plûpart malgré eux : quand ils nous chaſſerent de l'Isle il y a cinq ou ſix ans ils abbatirent les forts, mais quand j'en ſuis parti l'Ingenieur qui eſt un fort habile homme, en avoit tracé un qui sera fort beau, & même sa Majesté y a envoyé Mr. Renault, Capitaine de Vaisseau & Ingenieur general de la Marine, qui est dans une trés grosse consideration dans la Marine pour son sçavoir & sa bravoure dans toutes les Isles, pour faire faire toutes les fortifications necessaires & les mettre en un état de repouser vigoureusement les insultes des ennemis ; il y a un an qu'il est parti & y est encore aujourd'hui.

DE LA MARTINIQUE.

LES anciens l'appelloient Madanina & les Espagnols lui ont donné le nom qu'elle a aujourd'hui, c'est une terre trés belle & tres grande, qui a environ seize lieues en longueur, sur une largeur inégalle, & quarante cinq de circuit ; c'est presentement une des plus belles & des plus celebres des Antilles, les

François y sont établis depuis l'an 1635. & y ont souvent battu les Caraibdes nation sauvage, avec laquelle presentement ils sont bons amis & font commerce de plusieurs choses, comme je diray ci-aprés, lorsque je parleray de la Dominique, une de leurs Isles qu'ils habitent seuls & où ils vivent à leurs manieres.

La Martinique est le siége du Général, & d'une Justice souveraine; d'où dépendent saint Domingue, la Guadelouppe, la Grenade, Marigalande & toutes les autres Isles Françoises qu'on appelle Antilles : il y a trois Ports où l'on peut charger tous les ans plus de cent Navires; sçavoir, le cul de sac Royal, le Bourg saint Pierre & le cul de sac de la Trinité.

Le Fort Royal & le Bourg de ce nom sont fort beaux, le Général & la Justice y font leurs résidences, les ruës en sont droites, les maisons propres, toutes de bois & fort basses, les P. Capucins y ont un trés beau Convent. Le Fort est d'une situation trés avantageuse & construit sur une longue & grosse pointe qui avance à la mer, & forme un des plus beaux carenages des Isles; ce fort est inaccessible du côté de la mer par les cajes ou bancs de roches qui l'environnent, & on ne peut en aborder du côté du Bourg que par un petit glacis fort étroit flanqué de deux bastions & d'une demie lune, tout cela revêtu de bonnes maçonneries, & entouré d'un fossé plein d'eau; il y a par tout de bonnes pieces de canon, & une garnison de cinq à six compagnies d'infanterie de la Marine; ce qu'il y a de trés fâcheux c'est qu'il est sur, quelques troupes qu'on y envoye de France tous les ans, qu'à la fin de la même année il en reste tout au plus la moitié, tant la maladie qu'on appelle de Siam y fait de ravage; elle vous prend d'abord par un petit friſſon & une petite fiévre, un mal de reins qui redouble le lendemain ; comme la circulation du ſang s'arreſte, l'on ſeigne par le nez, les oreilles, la bouche & enfin par tous les pores du corps ; il eſt bien difficile aux Europeens d'éviter cette maladie, & de quelque maniere que les Chirurgiens la traitent, il en creve toûjours plus de la moitié, & depuis qu'elle eſt aux Isles on y a jamais peu rien connoître n'y en trouver la cauſe, l'affaire eſt ordinairement faite en trois jours, & vous vous trouvez la veille quelquefois cinq ou ſix à table que le lendemain l'on vient vous dire que la moitié eſt partie, rien au monde n'eſt plus dangereux pour les Europeens qui ne ſont pas accoutumez à l'air du pays que les débauches, un homme qui en fait de quelque ſorte que ce puiſſe être, ne manque pas la ſeconde ou troiſiéme fois d'en être attaqué, la peur même

même eſt quelquefois capable de la donner; & il nous arriva que quelques Matelots la craignirent ſi fort dés la France, qu'ils demanderent en grace au Capitaine de leurs permettre qu'ils n'allaſſent point à terre, de peur de l'y prendre; ils furent cependant les premiers qui eurent cette peſte & qui en moururent.

Il y a dix ans qu'elle regne dans le pays; elle fut apportée par un Vaiſſeau François nommé le Coroſol, qui ayant touché au breſil où cette maladie regnoit, l'y prit, & vint moüiller à l'Iſle de la Martinique, où depuis ce tems-là elle augmente toûjours, & s'eſt étenduë par toutes les autres Iſles tant Françoiſes qu'étrangeres: la ſaiſon la plus à craindre eſt depuis le mois de May juſqu'en Octobre, & elle ſeule a plus fait mourir de Marins que toute la guerre derniere; il ſemble que le Seigneur ait voulut punir ce malheureux Navire de tant de morts dont-il est cause, car depuis dix ans qu'il est parti de la Martinique, on en a jamais entendu parler, & il s'est infailliblement perdu à la mer; il y a au Fort Royal une fort belle poudriere, & une citerne à l'épreuve de la bombe, de maniere que ce fort peut resister presentement à une armée entiere: il y a trois ou quatre ans que les ennemis voulurent y faire décente, mais ils furent repoussez si vigoureusement, que je ne croi pas qu'il leur reprenne envie d'y revenir si-tôt; il y a dans le Bourg du Fort Royal, prés de quatre cens habitans, & le bien y est aussi sûr qu'en France.

Le Bourg saint Pierre est le plus bel endroit de l'isle, ce n'est proprement qu'une grande ruë, haute & basse, qui a bien un quart de lieue de long; l'on y voit dans de differents endroits des allées d'orangers tout-à-fait belles, une riviere qui l'a traverse au milieu, dont l'eau est excellente; les maiſons y ſont de bois, fort baſſes à cauſe du houragan, mais elles ſont fort propres dans le dedans, auſſi-bien que les habitans & leurs femmes, qui ſe piquent fortement de ſe mettre bien; effectivement les Creoles ſont ſi honneſtes & y ont en toutes ſortes de rencontres des manieres ſi polies, qu'il ſemble que l'on ſoit en France; les R. P. Jeſuites y ont une fort belle maiſon, auſſi-bien qu'à la Guadelouppe & à ſaint Chriſtophe: le fort qui étoit à l'emboucheure de la riviere a été renverſé par l'houragan, mais l'on travaille inceſſamment à en conſtruire un autre: les Anglois y ont auſſi tenté une décente qui leurs couta quinze cens hommes, & à nos habitans vingt, tant tuez que bleſſez: le cul de ſac de la Trinité eſt trés petit, & moins frequenté que les autres ports; il y a une infinité d'habitations & de paroiſſes ſur le bord de la mer; preſentement que la Colonie de ſaint Chriſtophe eſt rétablie, la Martinique peut bien avoir deux mil cinq cens hommes, & quatre ou cinq cens ſoldats; il n'y croît n'y vin n'y bled, on apporte tout de France, & il y a toûjours un bon nombre de Vaiſſeaux de tous les ports de France, chargez de farine, de vin, d'eau-de-vie, de viande ſalée & de toutes choſes neceſſaires à la vie, qu'ils troquent contre les marchandiſes du pays, qui ſont le ſucre, le coton, l'indigo, couleur propre pour la teinture, du cacao, dont nous faiſons le chocolat, du rocou autre couleur, de la caſſe, du bois propre à la teinture, du caret, qui eſt ce que nous appellons écaille tortuë; ceux qui n'ont pas le moïen d'acheter de la farine ſe ſervent de Caſſaure, qui ſe fait d'une racine qu'ils appellent Manioc, elle pouſſe un petit arbuſte de quatre à cinq pieds de haut, les champs où on les plante & où on laiſſe juſqu'à deux ou trois ans ſur pied, ſont aſſez ſemblables à ceux de nos chenevieres ; ces racines qui ſervent de pain à une groſſe partie de l'Amerique, ſont groſſes & longues comme des carottes ; on les égruge ſur des rapes faites exprés, & on en fait de la farine en tirant entierement le jus, qui eſt le poiſon du monde le plus ſubtil, & qu'on à ſoin de faire écouler dans des lieux ſoûterrains de peur que les beſtiaux n'en boivent ; la plûpart des Negres mangent cette farine telle qu'elle eſt, les autres en font une eſpece de petite galette, qu'ils font cuire ſur des platines de fer deſtinées à cét uſage : outre tous les fruits differents qui croiſſent dans les Iſles & toutes les plantes dont j'ay fait ci-aprés un memoire particulier, il y croît encore pluſieurs fruits & pluſieurs legumes qu'on a apporté de France ; les moutons, les bœufs & les chevaux y ſont en abondance, & un homme qui y a du bien y peut mener une aussi douce & aussi bonne vie qu'en France, à la reserve de cét air mal sain dont j'ay parlé, & de plusieurs insectes dont les habitans sont fort tourmentez; comme de fourmis, de moustiques, de maringouins, & d'une espece de cirons qui se mettent sur la plante des pieds & y font des maux d'autant plus insuportables, qu'on a toutes les peines du monde à les en déraciner; il y a des Negres qui avec la teste d'une épingle s'entendent fort bien à les ôter: les serpens y sont fort communs & d'une grosseur prodigieuse, qui se glissent jusque dans l s maisons,&qui perchent dans les bois; j'en ay veu jusqu'à quinze & seize pieds de long, dont la piqueure est trés dangereuse; il y a quelques Negres qui ont decouvert des simples merveilleux pour la guérison de cette piqueure.

La plus grande richesse des habitans consiste en Negres esclaves.

DES ESCLAVES NOIRS.

IL n'y a rien de comparable à la miserable condition de ces malheureux, que l'on vend & trafique comme des chevaux ; ils naiſſent eſclaves, à peine ont-ils la force de remuer les bras, qu'on les fait travailler à la terre & à toutes ſortes d'ouvrages comme des beſtes ; ils ne vivent que de caſſaure dont j'ay déja parlé, & d'eau ; à la moindre faute qu'ils font, les Commandeurs qui ſont des gens que les Patrons qui ont beaucoup d'eſclaves, gagent pour avoir l'œil ſur eux. où les Patrons mêmes les roüent de coups de bâtons, où les attachent à une corde, de maniere qu'il s'en faut un pied que les leurs ne touchent à terre, & dans cette poſture leurs font donner tant de coups de liannes, qui eſt un bâton plein de nœud, que le ſang ruiſſelle quelquefois de toutes parts ; aprés quoi ils découpent leurs chair y mettent du sel & du vinaigre de peur que la cangrenne ne s'y mette ; cela me fit au commencement tellement pitié, que je ne pouvois m'empêcher de leurs reprocher à eux-mêmes leurs cruautez, mais ils me répondoient à cela, que s'ils les traitoient plus doucement ils se revolteroient surement contre eux comme ils avoient déja voulu faire, & que cela est d'autant plus à craindre, qu'il y a dix fois plus de noirs dans les Isles que de blancs.

Ils se voyent non-seulement vendre tous les jours, mais encore leurs femmes & leurs enfans, ce qui leurs fait quelquefois tant de peines, joint aux mauvais traitement qu'on leur fait, qu'ils abandonnent leurs maîtres & se retirent dans les bois, où ils pillent & tuent tout ce qu'ils peuvent trouver, & se rendent marons malgré tous les chatimens qu'ils doivent apprehender, car pour lors ils n'ont n'ont point de quartier ; l'on leurs coupe une jambe & l'on les fait servir à mettre du bois au feu des chaudieres de ſucre, & comme il en faut toûjours à cét uſage, l'on ne les conte pas perdus pour cela ; s'il arrive par hazard qu'un Eſclave faſſe quelques actions qui merite la potence, tous les habitans du quartier ſe cotiſent enſembles pour payer à ſon Patron le prix qu'il lui à couté, & l'on le pend ſans qu'il en coute à ſon maître qu'une part comme les autres, ce qui les maintient dans un grand reſpect pour leurs maître, voyant qu'on les fait mourir ſans miſericorde pour la moindre choſe : ces malheureux ont chacun leurs emplois, les uns ſont pour la campagne, les autres pour la maiſon, où ils font generalement toutes les affaires, ſans que l'habitant ſe meſle d'aucune choſe ; car d'abord qu'ils peuvent ſe voir en état d'en acheter un, ils deviennent ſi mols & ſi effeminez qu'ils ne daigneroient pas se baisser pour ramasser eux-mêmes une épingle dont-ils auroient fort besoin, n'y la femme ramasser son fuseau s'il étoit tombé.

De l'Isle de la Guadelouppe.

L'ISLE de la Guadelouppe est l'une des Antilles, ceux du païs la nommoient Caracucira ; elle est située entre celle de la Dominique, dont nous parlerons ci-aprés & Marigalande : les Espagnols lui ont donne ce nom par raport à la Guadalouppe en la nouvelle Castille ; ils raportent même dans leurs histoires, que deux de leurs Missionnaires furent martyrisez dans cette Isle en 1603. l'on la divise en deux parties, si proche l'une de l'autre, qu'elle ne se conte que pour une seule : on appelle la plus grande qui est à l'orient grande terre ; elle est trés abondante en coton & en sucre, qui est plus beau & meilleur que dans les autres Isles : l'on moüille vis-à-vis une grande montagne que l'on nomme la souffriere, qui jette une fumée continuelle, & fort souvent des flames ; l'on y voit dans les bois une infinité de perroquets, de cardinaux, de colibris, de flamands, & quantité d'autres oiseaux d'un plumage trés rare.

Le Cardinal, est une espece de petit moineau, dont les aîles & la queuë sont noires, & le reste du corps d'une couleur écarlatte trés vive.

Le Colibris, est un petit oiseau gros comme un hanneton d'un plumage vert, il a le bec longuet, & tire sa substance des feüilles & des fleurs comme nos abeilles ; son nid est de la grosseur d'un œuf, & est d'autant plus curieux qu'il est fait d'un coton trés fin, & suspendu à des branches qui sont fort menuës.

L'on y voit aussi des grands Gosiers ou Pelican, qui est un oiseau fort extraordinaire, de la grosseur & de la couleur d'un oye ; il a à la partie inferieure de son bec, qui est fort long, une bourse où il peut porter prés de deux pintes d'eau ; cét oiseau se perche au bord de la riviere sur quelques arbres, où il attend que le poisson vienne à fleur d'eau pour se jetter dessus, & il en avalle qui ont jusqu'à un pied de long : cette Isle à pour Gouverneur Monsieur Augé.

Marigalande est une petite Isle pleine de montagnes, dont Monsieur de Bois-fermé est Gouverneur.

La Grenade petite Isle, par Monsieur de Belair.

Sainte Croix.

Saint Barthelemy.

Saint Martin.

La Tortuë, dont les habitans qui sont François, ont anticipez la plus grande partie de saint Domingue, commandée autrefois par Monsieur

Ducas, & presentement par un vieil Officier des troupes de terre que le Roy y a envoyé.

Nous avons encore Tabag, qui se deffendit si bien il y a quelques années, lorsque Mr. de Cabaret l'attaqua & la prit; elle est abandonnée presentement, quoique depuis peu, nous y ayons planté une Croix, & fait chanter un Te Deum, pour marque qu'elle nous appartient & qu'il ne tient qu'à nous de l'habiter; l'air de cette Isle est mal sain.

Cajenne, commandée par Mr. de Ferolles, est proche de la terre ferme qu'habitent des Sauvages; c'est une Isle trés mal saine à cause de son terrain plein de bois & marecageux, & parce qu'il y pleut neuf mois de l'année : son principal commerce est en rocou, meilleurs que dans les autres Isles, en sucre, en magnoc & en indigo.

Le trafic qui est fort considerable dans toutes ces Isles consiste, comme j'ay déja dit en tabac, indigo, rocou, sucre, coton, cacao, casse & en bois propres pour la teinture.

Elles ne commencent à étre florissantes que depuis 1660. que les habitans que l'on y avoit fait passer de France, & a qui sa Majesté avoit accordé de grands privileges, construirent de grosses habitations le long des côtes, qu'ils ont depuis si bien ménagez qu'il y en a plusieurs qui raportent à leurs maîtres jusqu'à trente & trente-cinq mil livres de rente; l'on y faisoit si bien ses affaires dans les commencemens, que je connois des plus fameux qui ont été trente six mois troquez pour un cochon, & qui joüissent presentement de plus de quarante mil livres de rente.

Ce que l'on appelle 36. mois.

TOUS les Vaisseaux marchands étoient obligez autrefois, lors que les Esclaves noirs étoient rare dans les Isles, de ne point partir de France qu'ils n'embarquassent deux jeunes gens pour mener dans ce pays là, où ils les vendoient pour trois ans, plus ou moins d'argent, où les troquoient pour des choses qui leurs étoient necessaires; & presentement même ils le font toûjours, & il arrive fort souvent qu'ils en enlevent lorsqu'ils le peuvent faire; les habitans les font travailler à toutes sortes de choses, comme les Negres, & sont obligez de leurs donner la liberté aprés qu'ils ont finis leurs trois années: j'en ay connu un qui étoit d'une des plus considerables maisons de France, qu'on avoit enlevé, le Gouverneur le racheta & l'envoya en France chez ses parens.

Le revenu que sa Majesté tire de tous ces pays, est trés peu de chose, & il envoye des soldats & toutes sortes de provisions plûtôt pour la conservation des habitans, & pour la grandeur & la gloire de son Etat, que par aucune autre cousideration.

Les habitans de toutes ces Isles retirent de toutes leurs terres ce qui leur est necessaire pour la vie.

Ils font comme j'ay dit leur pain de racines de manioc qui est trés blanche, cruë elle est un trés subtil poison, & cuite leurs sert de nourriture; ils l'apellent pour lors cassaure.

Ils vivent aussi de patates, racines dont le goût est semblable à celui du maron quand elle est rotie, de bananes, de figues, de goiaves, fruit qui a quelques figures de nos grenades de France, rempli de quantité de pepins d'un goût égrelet & fort bon.

D'oranges qui sont aussi communes en tout le pays que les pommes en Normandie.

L'on y voit des allées à perte de veüe dans la campagne d'orangers, de citroniers & de toutes sortes de fruits, qui remplissent l'air d'une odeur admirable : j'ay veu & mangé des oranges qu'on nomme chadée, aussi grosses que la tête : vous trouvez dans la campagne des pommes d'Acajou, fruit long & dont le dedans est d'une couleur tout-à-fait belle.

Des Cocos gros environ comme une citroüille ; aussi-tôt que l'on a ôté l'écorce, l'on aperçoit trois trous, & quand on les a percez, il en sort deux ou trois verres d'une eau qui est fraîche & à quelque goût du lait, le dedans de ce fruit à celui de noisette.

DE L'ANANA.

L'Anana est sans contredit le plus beau & le meilleur fruit de tous ceux que l'on puisse voir & manger dans toute l'Amerique ; il est fait à peu prés comme un artichaut, couronné de feüillages trés jolis, & il semble par la beauté dont-il est, que la nature l'ait voulu distinguer, aussi bien par le dehors que par le dedans ; il eſt de tous côtez couronné de feüillages, & quand on le ſert on le coupe ordinairement par tranche dans du vin & du ſucre, il ſemble que l'on mange en même tems de quatre ou cinq fruits differents de la derniere délicateſſe, comme ceux de fraiſe, de framboiſe, de poire de bon chrêtien & d'orange ; celui qu'on y ſent le plus dominer eſt la framboiſe: nous en apportâmes cinq ou ſix du pays dans leſquelles nous n'en pûmes conſerver qu'un, car ſi-tôt qu'il eſt trop mur il ne vaut plus rien ; l'on l'envoya au Roy auſſi-tôt que nous fûmes arrivée en France.

DE LEURS BOISSONS.

LEURS boiſſons ordinaires eſt compoſée de patates dont j'ay parlé ci-devant, qu'ils font boüillir avec du ſirop de ſucre ; ils lui donnent le nom de Mabi, & ils l'appellent Ovicou, quand avec la patate & le ſucre ils y ajoûtent de la caſſaure qu'ils font boüillir enſemble.

Ils ont une eſpece d'eau de vie qu'ils compoſent de ſuc de canne & de ſirop de ſucre, ils l'apellent Tafia ou Guildive, elle eſt preſque auſſi forte que l'eau de vie, & ils n'y a guere que les Negres qui en uſent: vous y mangez en tout tems des petits poids, des raiſins & des melons; j'en ay mangé au mois de Janvier: dans toute l'Amerique vous ne voïez aucun oiſeau naturel du pays, n'y aucun poiſſon qui ne ſoit different de ceux de France, de figure & de goût; & il y a peu de pays où la chaſſe & la pêche ſoit plus abondante, au moindre coup de filet l'on prend du poiſſon pour nourrir un équipage de trente hommes, de trés bons poiſſons, dont les meilleurs ſont la bonite & la carangue; il faut bien ſe connoître au dernier, car il y en a que l'on à pas plûtôt mangé que l'on tombe en convulsion & que l'on meurt empoisonné, cela vient de ce que cette carangue trouve au fond de la mer un arbre qu'on appelle Machenil-ier, qui est le plus subtil poison du monde, & qu'elle aime beaucoup ; on connoît à leurs dents qui deviennent toutes noires quand elles en ont mangé, & l'on se donne bien garde pour lors de s'en servir.

L'on y prend aussi souvent des poissons fort extraordinaires, comme les poissons Volans, les Souffleurs, les Marsoüins, des Requins, des Porcs-epics.

Les poissons Volans sont à peu prés de la grosseur d'un harang, mais leurs tête est plus quarrée ; leurs aîles ne sont autres choses que deux nagoires fort longues, qui les soutiennent hors de l'eau, tant qu'elles gardent un peu d'humidiré ; la Dorade & la Bonnite leurs font une guerre continuelle dans l'eau, & les oiseaux en l'air.

Les Souffleurs, sont des especes de petites Baleines qui jettent l'eau fort haut & avec grand bruit.

Les Marsoüins, sont de la grosseur d'un cochon, ils vont par rang & par fil comme des compagnies d'infanterie, & sont quelquefois plus de deux mil ensemble.

Le Requin, est un trés gros poisson & à jusqu'à six & sept pieds de long, il est trés friant de chair humaine; il a une gueule fort large, & cinq rangs de dents fort aigus, il se tourne toûjours sur le dos pour prendre sa proye; on voit toûjours auprés de lui de petits poissons qu'on appelle Pilotte, & qui servent à le garantir de la surprise de la Baleine; la chair de ce poisson est assez ferme, mais d'un goût trés fade, nos Matelots ne laissent pas d'en manger: l'on prend peu de Requins qui n'ait sur la tête un petit poisson qu'on appelle Suçet, qui lorsqu'il se sent poursuivit s'y attache si fort que le Requin ne peut lui faire lâcher prise, & de cette maniere il évite le peril où il se trouve : pour les prendre l'on jette un gros harpon au bout duquel il y a un morceau de lard, cét animal ne quitte point le Vaisseau qu'il ne soit pris ; nous en prîme un si furieux que quand il fut sur nôtre pont, il fit tout trembler ; l'on trouve quelquefois dans leurs ventres des cuisses d'hommes, ce qui fait que nous ne permettons gueres aux Matelots de se baigner à la mer.

Le Porc-epic, est un poisson qu'on appelle ainsi, parce qu'il est effectivement comme le Porc-épic, armé de pointes, qu'il dresse lorsqu'il est poursuivi de ses ennemis.

L'on voit encore fort souvent dans ces mers des Spadons & autres tout à faits extraordinaires : le Spadon est fort gros & a une arraîte sur la tête, faite comme un veritable sabre, dont-il se défend contre la baleine ;

nous en avons veu de nôtre Vaisseau combattre plusieurs fois.

Pour la chasse on y rencontre plusieurs perdrix, qui ont plûtôt la figure de nos tourterelles de France, que de perdrix; elles perchent ordinairement sur les arbres; des ramiers, des tourtes, des pintades, des perroquets, des agoutils, qui sont à peu prés comme un liévre: il y a des Isles où l'on trouve une infinité de bœufs, de cochons & chevaux marons dans les bois: les arbres, les plantes & leurs fruits, sont si extraordinaires, qu'ils meritent bien un memoire particulier.

MEMOIRE
TRES EXACT

Des Arbres & des Plantes les plus curieuses de l'Amerique, avec leurs qualitées.

ARBRE de bois à Enyvrer, les Ameriquains se servent de ce bois pour enyvrer les rivieres lors qu'ils veulent en pêcher le poisson.

Franchipanier rouge, est un arbre laiteux, dont chaque bout de branche est garni d'un gros bouquet de fleurs, qui dure presque toute l'année en l'Amerique ; sa vertu est de guerir toutes sortes de ruptures.

Franchipanier à fleurs blanche, est aussi laiteux, qui raporte une même fleur que le rouge, & des feüilles differentes, faites comme un poignard.

Poirier

Poirier d'Amerique, eſt un arbre dont la fleur eſt en entonnoir violette, & les feuilles comme celles du poirier de France.

Le Cocoyer ou le grand Palmier, le petit Cocoyer, deuxiême eſpece, raporte les petits cocos dont l'on fait les tabatieres.

Le Palmiſte épineux de la grande eſpece.

Le grand Chou Palmiſte, eſt un arbre comme un des plus grands ſapins & trés droit, c'eſt au ſommet de cét arbre que ſe trouve le choux dont nous voulons parler; pour l'avoir on coupe l'arbre, & le fruit qui eſt proprement le cœur ſe rrouve à l'extremité.

L'Atanier, eſt une eſpece de Palmier dont les feuilles ſont faites en éventail, & qui raporte un bouquet de graines dont-on fait en Europe de trés beaux chapelets.

Le Corroſolier, eſt un arbre qui vient de la hauteur d'un poirier, qui a les feuilles lisées & d'un vert brun, il raporte un fruit en cœur de bœuf de la grosseur d'un melon, garni de petites pointes ; sa pelure est d'un vert brun, sa chair une espece de crême, garnie de graines oblongues; cette crême est fort rafraichissante & d'un goût aigrelet.

Le Calbasier de Guinée, est un arbre qui devient gros comme les plus gros noyers, les feuilles pas tout-à-fait si larges ; il raporte une grosse gourde couverte d'un velours vert brun, elle est remplie d'une chair pateuse dont le goût approche du pain d'épice, & garnie de graines noires fort dures, faites en petit rognon; ces gourdes lorsqu'elles sont vuidées proprement, ont la qualité de bien conserver le vin que l'on y met.

L'Anana, voyé page 57.

Le Bois Immortelle, est un arbre qui a les feuilles faites à peu prés comme un fer de sponton, d'un vert jaune ; il raporte les gros poids rouges que nous voyons ſervir en France de chapelets ; la deuxiéme peau de cette plante eſt trés propre pour arrêter le ſang.

Le Myrthe d'Amerique, eſt un trés bel arbriſſeau, dont les feuilles ſont fort étroites, de l'odeur du Myrthe.

La Lienne Triangulaire, eſt une plante dont le corps eſt une chair fibreuſe qui court ſur les arbres, où quand elle n'en trouve point, elle monte en pyramide ; elle rapporte une fleur en houpe de mulet, & du piſtile vient un fruit rouge foncé, garni de groſſes épines de la méme matiere ; cette pomme a un goût aigrelet, & garnie de petites graines noires : la Lienne eſt le contrepoiſon le plus aſſeuré contre le Machenillier.

Le Machenillier, eſt un arbre qui devient haut comme nos cheſnes, & d'un trés beau bois ondé comme le noyer, il raporte un fruit sembla-ble à la pomme d'api, & même plus belle, qui a l'odeur trés agréable; ce fruit est un trés cruel poison & le plus fort de toute l'Amerique.

Tous les Orangers differents.

L'Oranger de la Chine.

L'Oranger doux.

L'Oranger aigre.

Le Limon.

L'Oranger de Chadec.

Le Citronnier.

Le Flambeau ou Cerus, est une plante qui est faite en flambeau, qui a huit angles, garnis d'épines fort piquantes faites en étoiles; la pi-queure quoique peu dangereuse en est fort brulante; la chair de cette plante est à peu prés comme celle d'une citroüille, mais d'un goût sau-vage.

Meloxardus, ou tête d'Anglois, est une plante faite en dôme & an-gulaire, tous ses angles sont garnis d'ëpines, disposez en étoile comme celle du Cerus ; sur son sommet il vient une espece de tête cotoneuse & rouge, garnie de petites épines délicates, couleur de corne rousse ; il sort de ce coton de petites fleurs découpées en cinq parties, qui étant passées produisent un fruit qui reste une couple de mois dans ce coton, & au bout de ce tems il sort comme s'il partoit d'un ressort ; ce fruit est fait en cœur, d'un rouge pâle, garni d'une chair blanchâtre & de petites graines fort noires ; la chair de la plante est comme celle de la citroüille, mais d'un goût sauvage ; sa proprieté est comme celle du Cerus, trés propre à dissoudre les pluresies qui ne sont pas tout-à-fait formées; l'on en trouve une infinité dans l'Isle de saint Christophe.

Le Grenadier du bresil qu'on trouve à la Guadalouppe, est d'un pied & demi d'hauteur, & raporte ses fleurs de même : les Grenades en sont plus petites que les nôtres & le goût plus aigrelet ; on l'estime fort pour rafraichir dans les fiévres.

La Plante dediée à Monsieur Fagon, vient comme le noisetier, raporte ses feuilles étroites, longues & crenelées, la fleur est jaune & en cloche, son pistile raporte une gousse templie de graines, attachez sur une cloison que l'on trouve dans le milieu du cilique ; cette plante est propre pour faire des bosquées & des palissades.

Le Chapelet, est un moyen arbre qui a ses feuilles attachées sur de longues queuës & lisées, il raporte une fleur blanchatre en troupe, & du milieu sort un cilique, qui êtant mûr s'ouvre & fait voir des graines noires, plates & ovalles, dont les Réligieuses font des chapelets.

Le Figuier d'Inde, est une plante qui a une tige fort haute & d'une chair extrêmement tendre & poreuse, à l'extremité de la tige il sort des feuilles qui ont quatre, cinq, six, ſept, & juſqu'à douze pieds & plus de hauteur, ſur un pied ou quatorze ou quinze pouces de largeur ; du milieu il ſort une grape qu'on apelle regime dans le pays, qui raporte des figues de la figure d'un concombre ; ce fruit eſt composé d'une chair blanche d'un goût ſucré, ſa peau eſt épaiſe comme celle d'un gan, qui s'enleve de deſſus fort aiſement ; ce qu'il y a de plus particulier dans ce fruit eſt que lors qu'on le coupe en deux en quelque endroit que ce puiſſe être, vous voyez ſur les fractions un Crucifix parfaitement bien dépeint ; c'eſt ce qui a fait, avec la grande feuille, que les anciens l'ont nommez figuier d'Adam, attendu qu'il n'étoit pas poſſible qu'il peut ſe couvrir avec les feuilles de nos figuiers de l'Europe.

Le Bannanier, eſt une autre eſpece qui raporte ſes fruits plus longs à cinq angles ; ce n'eſt pas qu'il y a des figuiers qui raportent des fruits de la même figure, mais pas si long.

L'Amourette, est une espece d'Acasia qui raporte de gros bouquets de fleurs blanche qui ont beaucoup d'odeur, on l'a nomme ainsi parce qu'on ne peut s'en aprocher sans se blesser.

La Cardinalle, est une plante dont les branches viennent en façon de corail d'un beau verd, ses feuilles sont arrangées simetriquement deux à deux sur chaque branche ; elles sont extrêmement épaisses, oblongues & remplis d'un l'ait fort costique, aussi-bien que tout le reste de la plante ; elle raporte à l'extremité de la branche un gros bouquet de fleurs rouges, de la figure de certaines têtes qui sont aux ornemens d'architecture, d'où il sort de la bouche un paquet de fléches qui sont autant d'étamines, le pistile produit un fruit triangulaire qui contient trois graines, brunes tachées.

Le Genippa, est un arbre gros comme

comme nos pommiers, & qui raporte une pomme de laqu'elle les Ameriquains se servoient pour attraper les François, en les frotans & les rendans noirs pour neuf jours, quelques choses qu'ils pussent faire pour ôter cette couleur: on écrit encore avec le jus de ce fruit, & au bout du même tems ce qui est écrit disparoît.

Cannes de sucre & la maniere dont on le fait.

CE sont des roseaux sucrez & noueux, remplis d'une matiere blanchâtre que l'on presse entre des tambours de moulins, qui rendent une liqueur blanchâtre comme l'eau de chaux; on lui donne une cuisson forte, aprés quoi on la met dans des formes de terre, ce qui fait le sucre brut, & pour le blanchir, on prend une terre grasse qui est proprement la terre à potier, que l'on lave bien & que l'on rend trés liquide, puis on l'étend sur la superficie de cette forme ; l'humidité qui sort de cette terre entraînant tout l'impur du sucre, & le rend blanc comme nous le voyons ; c'est ce que nous appellons cassonade en France, & quand il est en pains, on l'appelle sucre terré ; puis si on veut le rendre tout-à-fait beau, on le rafine ; il y a des rafineries aux Isles, & en France une grosse quantité ; il reste dans ces roseaux aprés que le jus en est sorti des fibres, & ces roseaux brisez dans le moulin, servent à faire cuire les sucres, même à la place de bois ils produisent un feu trés ardent.

Le Chataigner d'Amerique, est un arbre puissant comme nos chesnes de France & d'une hauteur extrême, ses feuilles sont à peu prés semblables à celui d'Europe ; à l'égard des fleurs elles sont faites en cloche, d'un pouce & demi au moins de diamêtre, & autant de profondeur, elle a une petite odeur de la jonquille : quand cette fleur est passée, il vient un fruit gros comme le poing & plus qui est garni de pointes comme le Chaitaigner de France, & le dedans est rempli d'une noisette d'un rouge aurore.

Le Bois-d'Inde, est un arbre dont les feuilles sont oblongues, & ont le goût du girofle ; c'est un des plus beaux arbres de l'Amerique ; sa qualité est lorsque l'on le met dans la bouche, il fait jetter beaucoup d'eau & fortifie l'estomac, l'échaufant benignement,

Le Carata, est une des plus belles plantes de l'Amerique, il est fait comme l'Aloë de France, mais raporrant ses feuilles de vingt & trente pieds de longueur, tous ne viennent pas de cette grandeur ; il y a des peuples qui se servent de ses feuilles pour faire des cordages, & même presque tous les sauvages de l'Amerique : il ſort du milieu une tige groſſe comme la cuiſſe & haute quelquefois de quarante pieds, autour de laquelle il y a un nombre de branches garnies de fleurs; il s'en trouve de rouges & de jaunes, le jus de cette plante eſt parfaitement bon pour la fiévre; toutes les feuilles ſont garnies à leur bord d'araîtes trés piquantes.

Le petit Carata, aporte des feuilles fort étroites en comparaiſon de l'autre & fort minces, n'étant pas larges au plus de deux pouces, & garnies d'araîtes beaucoup plus piquantes; il raporte ſon fruit même dans le pied, ſur les feuilles qui touchent en bas; ce fruit eſt gros comme le pouce & long d'un doigt, il a un petit goût aigrelet qui fait plaiſir.

Le Goïavier, eſt un arbre qui vient haut comme nos poiriers, ayant l'écorce fort mince; il a des feuilles oblongues & d'un vert brun rude; ſa fleur eſt ſemblable à celle de la roſe muſcade & en a l'odeur, lorſqu'elle eſt paſſée il vient un fruit de la groſſeur d'un citron, qui a une eſpece de petite couronne à peu prés comme celle de neſle, mais beaucoup plus petite; ſa couleur dans le commancement eſt d'un vert brun, mais à meſure qu'il meurit il devient jaune, ayant le goût de la framboiſe lorſqu'on le met dans la bouche, mais étant un peu échauſſé, le goût devient plus fort & change; la chair de ce fruit eſt rouge, & remplie de pepins triangulaires, extrêmement durs.

L'Acajou, eſt un arbre fort ſingulier en ce qu'il raporte des pommes & des noix à la fois, cét arbre devient haut comme nos pommiers de France, ces feuilles ſont larges ordinairement d'un pouce & demi, il raporte des bouquets de fleurs violettes, qui viennent dans la ſuite une pomme trés belle, d'une couleur vermeil d'un côté, & d'un jaune aurore de l'autre; au bas de cette pomme il y a une noix d'une figure de rognon, dans laquelle il se trouve un cerneau, qui estant rôti sur le charbon, est du moins aussi délicat que ceux d'Europe; dans les coques des noix il y a une huile costique, qui est trés propre pour faire perir les corps des pieds, ce qu'on fait de la sorte, on ouvre la noix, & aprés avoir coupé le plus prés qu'il est possible le corps sans s'incommoder, on fait chauffer la coque de noix, & de l'huile qui paroît sur l'extremité on en frotte le corps, se donnant bien de garde de froter à côté, d'autant qu'on pourroit s'incommoder; j'en ay aporté en France, qui ont fait ce bien à bien du monde.

La Madrepore, est une plante Marine, on nomme aussi toutes les plantes qui viennent au font de la mer, & Maritimes celles qui se trouvent au rivage; c'est une pierre blanche qui vient en arbrisseau, percée de toutes parts fort agréablement.

Lis Rouge, vient d'un oignon que l'on trouve dans les ravines de la Guadelouppe; ses feuilles sont longues d'un pied & demi, & larges d'un bon pouce, & d'un vert foncé; il sort du milieu de ses feuilles une tige en siboule, haute de deux pieds, au haut de laquelle il vient ordinairement trois fleurs d'un rouge trés éclatant; il fut presenté au Roy l'année derniere, le deuxième Juillet, par le Sieur Dulignon Arboriste du Roy, qui a fait deux ou trois voyages dans ces pays-là, pour apporter en France ce qu'il découvre de plus curieux; nous le passâmes des Isles dans nôtre Bâtiment, avec la plûpart de toutes ces plantes que je décrits, dont il a soin au jardin Royal à Paris, & qui réüsissent fort bien.

Le Lis Blanc, se trouve dans les belles savannes de la Guadelouppe, il a les feuilles plus larges & plus hautes que celles du lis rouge, &

plus touffus ; elles sont d'un vert pâle, & taché quelquefois d'une petite bigarure verte ; il sort du milieu de ses feuilles une tige haute d'un pied & demi & quelque plus, à demi platte, au haut de laquelle se trouve un magasin garni quelquefois jusqu'à trente fleurons ; ses fleurs sont premierement découpées en six parties, frisées comme du zelery ; du milieu de ce premier gobelet découpé, il en sort un extrêmement délicat à six angles, sur chacun desquels est un étamine ou petit marteau jaune qui contient l'odeur ; le pistille sort du milieu, & quand la fleur est tombée il donne un fruit ; l'odeur en est tout-à-fait douce, & approche de la Vanille.

La Sensitive, est un arbrisseau tout à fait curieux, il vient parfaitement bien en Europe aussi-bien qu'aux Isles, ses feuilles sont arrangées avec beaucoup de simétrie, & lorsqu'on les touche elles se ferment trés promp tement, ſuivant que le temps eſt beau, & peu aprés revient dans ſon même état.

Le Cacao, ne vient que dans les lieux humides, & peu expoſez au ſoleil; l'arbre qui le produit eſt petit, ſon fruit eſt long & gommelé comme un concômbre; lorſqu'il eſt mûr on le ceüille & on le laiſſe ſecher pendant quelque tems, ce n'eſt proprement qu'une écorce comme celle de la Grenade, qui contient vingt-cinq ou trente de ces féves dont on fait le Chocolat, on en debite beaucoup plus dans l'Amerique que par tout ailleurs, & les Creoles des Iſles ne s'en ſçauroient paſſer, ils aimeroient mieux ſe priver de toutes choſes plûtôt que de n'en pas prendre une ou deux taſſes tous les matins.

Pour cultiver les Plantes des Iſles promptement, il faut faire une couche de fumier de cheval, & mettre du terro deſſus, le laiſſer pendant huit ou dix jours sans rien mettre dessus, aprés quoi vous mettrez vos grennes dans des pots remplis de terro, vous les arrosez & prenez garde que la couche ne soit point trop chaude, ce qui brûleroit les plantes, & quand les graines commencent à paroître vous les couvrez de cloche de verre ou de pajaçons pour les garantir de l'ardeur du soleil, & des nuits froides du printemps, & quand les plantes sont fortes vous les transplantez dans d'autres pots, & réchauffant vôtre couche, ou faisant une nouvelle dont vous laissez passer le grand feu comme nous avons dit, vous mettez vos pots dessus la couche enterrez dans du terro, prenez bien garde sur tout que la couche ne s'échauffe trop, & pour lors vous donnez du jour aux pots.

DEPART DU FORT ROYAL POUR ALLER PRENDRE POSSESSION DE L'ISLE SAINT CHRISTOPHE.

Mercredy 15. *Janvier* 1699.

NOUS appareillâmes sur les huit heures du matin du Fort Royal, & nous moüillâmes à onze heures du soir le même jour dans la rade du Fort saint Pierre, dont j'ay parlé ci-devant, par les trente-cinq brasses fond sable, l'Amiral y vint moüiller aussi; il fut salué de tous les Vaisseaux Marchands, ausquels il rendit le salut de neuf coups de canon.

Vendredi seize Janvier, nous embarquâmes une compagnie d'infanterie pour saint Christophe, & le Commendant tita un coup de canon & mit pavillon.

Dimanche dix-huit, nous fûmes sous voiles à huit heures du matin, la Renommée, l'Aigle, le Neptune qui sert de patache aux Isles & nous, suivis de douze ou quinze Barques pour passer les troupes & les habitans de la colonie : il y avoit quatre compagnies d'infanterie, nous embarquâmes dans nôtre bord du bois de quoi faire leurs cases, & les hardes d'une grande partie des habitans, Monsieur le Général & Monsieur l'Intendant s'embarquerent sur les dix heures dans la Renommée, au bruit du canon des Forts & de tous les Vaisseaux Marchands moüilliez à cette rade.

Lundi dix-neuf, nous fûmes pendant 24. heures sous l'Isle de la Dominique, qui est habitée par des ſauvages, que l'on nomme Caraib-des.

Des Caraibdes ou Sauvages.

QUAND les Iſles Françoiſes de l'Amerique tomberent dans nôtre puiſſance, nous ne voulûmes pas ſuivre l'exemple des Eſpagnols, qui ont toûjours exercé envers eux une cruauté inouïe, en les exterminant par toutes ſortes de manieres : les François ſe contenterent de ſe rendre maître des Iſles qui leurs convenoient, & leurs dirent qu'ils en priſſent deux ou trois où ils vivroient à leurs manieres, & pourroient faire tout ce qu'ils jugeroient à propos ; ils choiſirent la Dominique & ſaint Vincent, où ils ſont encore en grande quantité.

Ces ſauvages Caraïbdes ſont d'une couleur olivâtre, les cheveux noirs longs & plats ; ils vont tout nuds à la reſerve d'une petite piece de coton large de quatre doigts pour couvrir leurs nuditées ; les femmes se servent d'un morceau de toile d'un demi pied en carré, il y en a beaucoup de l'un & l'autre sexe qui sont tout-à-fait nuds ; ils se colorent le visage avec du rocou, & se couvrent les bras & les jambes de plusieurs tours de rassades, ils se percent même ordinairement l'entre-deux des narines pour y en pendre quelques grains.

Ils sont d'une adresse si grande à tirer de l'arc dont ils se servent égallement à la chasse & à la pêche, qu'il ne manque aucun oiseau n'y poisson : ils travaillent fort proprement en Amacs qui sont leurs lits, & ceux de presque tout le mênu peuple des Antilles ; ce sont des pieces de coton fort longues & fort larges, que l'on plisse des deux cotez & que l'on attache au plancher à deux cloux, ils se mettent dedans, cela est tout-à-fait commode & fort frais.

Ils travaillent auſſi fort délicatement en paniers Caraibdes, qui ſont faits d'une maniere qu'ils s'emboitent l'un dans l'autre, c'eſt-à-dire, les deux parties dont ce pannier eſt composé, de ſorte que l'eau n'y peut pénétrer, rien n'eſt de plus propre & de plus commode pour mettre du linge.

Leurs Couys ou Callebaſſe ſont vernis de pluſieurs couleurs qui ne s'en vont point à l'eau, & tournez avec une adreſſe admirable; quoique ces peuples ſoient ſi adroits, ils ſont d'une ſi grande pareſſe qu'ils ont toutes les peines du monde à ſe mettre entrain de travailler, ils ne ſongent en aucune maniere à l'avenir, toûjours couchées dans leurs amacs, dont-ils ne ſortent que lorſque la faim les preſſe, pour lors ils vont à la pêche pendant que leurs femmes leurs font de la caſſaure; ils pêchent dans de petits canos qu'ils font d'un tronc d'arbre qu'ils creuſent, élevant dans le milieu un bâton pour ſervir de maſt quand le vent eſt petit, mais s'il eſt trop fort ou contraire, ils rament de bout avec des rames de quatre & cinq pieds de longs, dont le bout eſt auſſi large qu'une aſſiete : leurs commerce eſt de paniers Caraibdes, de perroquets d'amacs qu'on leurs troquent avec du fer, des couteaux, de la raſade & de l'eau-de-vie ; ils menoient à mon avis la vie du monde la plus heureuſe avant qu'ils connuſſent les Européens, car ils n'étoient inquietez d'aucune choſe, ils n'avoient point beſoin d'habits puiſqu'ils étoient comme alors toûjours nuds ; de vivres, la terre & la mer leurs en fourniſſoient quand ils en avoient beſoin, & ce n'eſt que depuis qu'ils ont quelque commerce avec les François, qu'ils commencent à travailler pour avoir de l'eau-de-vie à laqu'elle ils prennent tant de goût, qu'il n'y a rien au monde qu'ils ne faſſent

faſſent pour en avoir, & pour gagner quelque argent afin d'en acheter ; le R. P. Jeſuite même qui eſt dans leurs Iſles pour tâcher à en convertir quelqu'uns, n'a rien qui les engage plus à venir entendre ſes Prédications que cette liqueur, il arrive même fort ſouvent que ces malheureux ſe font baptiſer cinq ou ſix fois differentes pour en avoir, ces bons Réligieux ne pouvant pas les reconnoître : c'eſt quelque choſe d'incroyable de voir le zele & l'affection avec laquelle travaillent ces Miſſionaires à les tirer de leurs idolatrie, s'expoſant à toutes ſortes de dangers & de fatigues, avec un courage & une conſtance à l'épreuve ; il y en eût même un il y a deux ou trois ans qui étant à la Dominique dont je parle, & n'ayant plus d'eau-de-vie, reconnut un ſauvage qui vouloit ſe faire baptiſer pour en avoir, & qui l'avoit déja été, le bon Pere voulut lui remontrer ſon crime, ce qui éleva une telle sédition qu'ils le tuerent sur le champ & le mangerent aussi-tôt : ils adorent un animal la plûpart que l'on nomme Agouty, qui sont comme j'ay dit, les liévres de ce pays-là ; les plus spiritualisez d'entre eux disent qu'ils reconnoissent un Estre des Estres, à qui ils n'osent pas elever leurs adorations, & que ne connoissant pas dans la nature un animal plus parfait que cét agouty, il lui font leurs hommages par raport au Createur : ils logent dans de grandes cases plusieurs familles ensemble, qu'ils appellent carbets, dont chacun à son capitaine : je ne sçay si j'ose dire une chose assez particuliere & que j'asseure cependant étre trés veritable ; lorsqu'ils apprennent que leurs femmes est accouchées, ils s'en vont au plûtôt à leurs maisons, se bandent la tête, montent dans leurs amacs, & se plaignent comme s'ils étoient eux-mémes en mal d'enfans où ils reçoivent les visites de leurs voisins, qui tâchent à les consoler de leur maladie imaginaire, pendant que leurs femmes les servent, ils en sont si jaloux qu'ils ne manquent pas de les poignarder au moindre soupçon ; ils ont entre-eux plusieurs festes où ils s'invitent d'un carbet à un autre, parez de couronnes de plumes, & passent toute la journée à danser & à boire d'une liqueur qu'ils appellent ovicou, cnompofée comme je croy déja l'avoir dit de patates, de cassaure & quelques fruits qu'ils mettent bouillir ensembles; lorsqu'il meurt quelqu'un d'eux ils l'enterrent dans le carbet & s'enyvrent autour avec leurs ovicou, sans faire d'autres cérémonies : les Caraibdes de la Dominique & de S. Vincent sont fort bons amis des François, & vivent avec une si grande union, que lorsqu'ils attrapent quelques Anglois ou Espagnols qu'ils croyent encore être nos ennemis, ils les massacrent & les mangent sans remission, & sans que les François puissent eux-mêmes leurs faire donner quartier ; il y a toûjours un R. P. Jesuite, comme j'ay dit, qui fait son possible pour les tirer de leurs superstitions, qu'ils écoutent avec assez de tranquillité, mais ils en profitent trés peu ; il y a même un fort honneste homme dans les Isles, qui jouit de trés gros biens & qui n'a point d'enfans, il se fait un plaisir d'employer une partie de ses revenus depuis vingt ou vingt-cinq ans, à en élever lorsqu'il peut en avoir de l'âge de quatre ou cinq ans, dans la Réligion Catholique Apostolique & Romaine, il les habille, leurs apprend nôtre langue, à lire & à écrire ; d'abord que ces petits sauvages ont l'usage de la raison, & qu'ils peuvent trouver quelque canot, ils se sauvent, retournent à leurs pays, jettent leurs habits, se mettans tous nuds comme les autres, & préferans leurs vies naturelle a tout ce que cét honneste homme peut leurs donner.

Le même jour Lundi neuf Janvier, nous mouillâmes à neuf heures du matin à la Guadelouppe fond sable, l'ancre de terre par quinze brasses, & l'ancre du large par quarante.

Mardi vingt Janvier, la Patache pour aller avertir les Anglois, que nous allions prendre possession de saint Christophe, fut detachée avec un Officier des Vaisseaux, d'abord que l'Officier nommé Mr. Desgas y fut arrivé, l'on lui fit dire de saluer le pavillon Royal Anglois, il envoya demander si on lui rendroit le salut coup pour coup, à quoi les Anglois répondirent que si il ne le faisoit pas on lui feroit faire de force, & que ce n'étoit pas l'ordre qu'on lui rendit coup pour coup; l'Officier trés brave & trés prudent prit aussi-tôt son parti, qui fut de lever l'ancre, & malgré leurs coups de canons il s'en revint.

Le même jour sur les quatre heures du soir nous levâmes l'ancre avec toute la Flotte, le Fort de la Guadeloupe salua Monsieur le Général de onze coups de canon, on lui rendit le salut coup pour coup.

Mercredi vingt-un, sur les six heures du matin nous étions par le travers de Monsarat, Isle Angloise, dont la pointe la plus au nord nous restoit au nord d'est, & la Rotonde petite Isle, remplie d'une infinité d'oiseaux que l'on nomme fols.

A midi la pointe de Niesves où se tient le siége de la Justice des Anglois, dont le Président en l'absence du Gouverneur commande absolument par toutes les Isles Angloises, nous restoit au nord-ouest, quart d'ouest ; nous passâmes au large de cette pointe environ une lieue, à cause des caies qui s'étendent à une lieue au large ; aprés avoir paré la pointe nous rangeâmes assez prés la terre, & vîmes deux Vaisseaux mouillez à la grande rade de Nusac dont il y en avoit un de quarante à quarante-quatre pieces de canon, & l'autre de vingt à vingt-quatre, il y en avoit plusieurs à l'ancre dans la petite rade qui est fort prés de terre; il y a un Bourg qui paroît trés considerable, tant par le nombre des maisons, que par sa situation avantageuse.

Le Fort qui est en entrant mit pavillon Royaliste, & tira six coups de canon à balle sur nôtre Commendant pour l'obliger à saluer, ce que l'on eût garde de faire, il étoit de l'avant nous & un peu sous le vent, il n'y eut point de boulets qui portât; quand nous fûmes par le travers de ce Fort, il nous en tira deux, dont un tomba à deux ou trois brasses de nôtre avant.

Le même jour nous mouillâmes dans la rade du quartier François de saint Christophe, sur les quatre heures aprés midi, par les huit brasses d'eau, fond sable grisâtre, & un peu vaseux.

Jeudi vingt-deux, les deux Fregates qui étoient moullées dans la grande rade de Niusves, vinrent mouiller ici, la plus grande en avant de nôtre Commendant & l'autre en avant du sien.

Le soir sur les deux heures, Mr. nôtre Général & Mr. l'Intendant décendirent à terre pour prendre possession du quartier François.

Le canot étant débordé, la Renommée les salua de onze coups de canon, l'aigle de neuf, nous de sept & la Patache de cinq, accompagnez de plusieurs Vive-le-Roy.

Monsieur le Général fit décendre avec lui une compagnie d'infanterie.

L'ordre du Roy d'Angleterre étoit qu'on rendît l'Isle en l'état qu'elle s'étoit trouvée lors du traité de paix; pour lors toutes les maisons étoient en bon état, & ce n'est que depuis quatre ou cinq mois qu'ils l'ont toute démolie

démolie & entierement ruinée de fond en comble, à la reserve de l'Eglise & de la Maison des R. P. Jesuites qui éviterent par argent une pareille destinée ; cependant Mrs. du Conseil Anglois vouloient qu'on leurs donnât un reçû, où il ne parût point qu'on eût endommagé l'isle, enfin une quittance générale, cequi fit que l'on protesta aussi-tôt contre eux, cela les fit si bien réflechir, qu'ils renvoyerent la chose au lendemain ; Monsieur le Général & Mr. l'Intendant, avec tous les Officiers & les troupes rembarquerent.

Vendredi vingt-trois Janvier, sur les cinq heures aprés midi, Monsieur Demblimont & Mr. Robert décendirent à terre, tous les Vaisseaux les saluerent de cinq fois Vive le Roy ; on convint avec les Anglois qu'on leurs donneroit un reçû de l'Isle en l'état où on l'a trouvoit, se reservant de demander au Roy d'Angleterre le dédommagement, & les ſix pieces de canon qu'ils nous y avoient enlevées.

Sur les quatre heures leurs troupes défilerent, & on arbora à terre le pavillon François, on chanta le Te Deum, la Renommée ſalua de onze coups le pavillon, l'Aigle de neuf, nous de ſept & la Patache de cinq.

La Fregatte Angloiſe de quarante quatre pieces qui étoit leur Commandant, appareilla auſſi-tôt qu'elle vit hiſſer à terre nôtre pavillon, l'autre Fregatte Angloiſe étoit partie dés le matin; dés que cela fut fait on mit à bord de l'Amiral un pavillon blanc, au bout de la verge du petit hunier, pour faire connoître aux habitans qui étoient dans les barques qu'ils pouvoient mettre à terre.

Il moüilla la veille ſur les dix heures du matin trois Navires à la rade de Nuſve, dont l'un portoit pavillon carré au maſt d'Artimont, ils devoient aller à la Jamaïque, nous

nous attendions qu'il leurs prendroit fantaisie de venir nous demander le salut, où peut être d'entreprendre quelque chose, tous les Vaisseaux se disposerent à les recevoir.

Le même soir nous debarquâmes une des compagnies que nous avions à bord, & le Mardi d'aprés nous en debarquâmes une autre qui devoit aller à la pointe des sables tenir garnison ; c'est un quartier qui est à l'extremité de l'isle, du côté du nord-ouest, à une portée de fusil de celui des Anglois, n'y ayant pas une maison sur pied dans tout le quartier François ; on logea toutes les troupes dans l'Eglise en attendant que l'on eût dressé le camp pour les soldats, que l'on traça en quarré devant l'Eglise ; tout le monde commença à travailler à se loger & à relever ses maisons.

Samedi vingt-un Février, depuis le vingt quatre Janvier jusqu'au vingt un Février il ne se passa rien digne de remarque.

Le Profond vint moüiller en cette rade, Mr. de Galifay qui en étoit Capitaine fit mettre pavillon Anglois lorsqu'il fut par le travers de Nusves, étant entre les deux Isles il le fit serrer & mit pavillon François à la place, le Fort de Nusves lui tira quatre coups de canon quoi que de fort loing, le Président qui commandoit à l'absence du Général Anglois, fit aussi-tôt appareiller une Fregatte qui étoit en rade pour courir aprés, croyant que ce fut un forban; le Capitaine de cette Fregatte voyant que le Profond avoit moüillé ici écrivit à Mr. de Pontac nôtre Amiral pour sçavoir ce que c'étoit & lui dire que si ce n'étoit pas un forban leurs pavillon étoit insulté.

Mr. de Pontac désavoüa cette action & excusa le mieux qu'il put la faute de Mr. de Galifay, cependant il voulut bien témoigner aux Officiers qui lui étoient venu porter la lettre qu'ils étoient trop délicats sur ce qui les regardoit, il ajoûta même qu'ils laisseroient des personnes qui ne voudroient avoir aucun bruit avec eux, & qu'il étoit bien aise de faire sçavoir à Mr. le Président que si ou le vent, où quelque hazard le jettoit sous leurs canon & qu'on lui tirât, qu'il mettroit côté en travers & verroit qui tireroit le plus juste.

Dimanche vingt-deux Février, on benit l'Eglise de saint Christophe, tous les soldats étant logez dans leurs tentes ; on les fit mettre tous sous les armes & tirer plusieurs décharges de mousqueterie, le R. P. Combault Superieur Général des Jesuites de toutes les villes, fit une trés belle harangue à Mr. le Général & aprés à toute l'assemblée, ensuite dequoi on chanta une grande Messe & à l'élévation la mousqueterie & les canons de tous les Vaisseaux tirerent plusieurs coups.

Lundi vingt-trois Février, un Navire Marchand qui étoit venu pour prendre les paquets de Mr. le Général & Mr. l'intendant en passant pour aller en France, appareilla & fit route pour débouquer, Monsieur Desaiette Enseigne de Vaisseau sur l'Aigle, fut chargé des paquets pour les porter en Cour ; il s'embarqua & salua Mr. de Pontac de cinq coups de canon, ausquels on répondit par trois.

Le même jour le Profond mit à la voile pour saint Domingue.

L'Aigle appareilla le lendemain sur les onze heures du soir pour la Martinique, y prendre des vivres, racommoder son Beaupré, qui avoit consenti & parti pour Tabac, afin d'y planter la Croix & chanter le Te Deum, pour que nuls autres que nous n'allassent s'y établir.

DEPART DE SAINT CHRISTOPHE POUR LA MARTINIQUE

Mardi 4. Mars 1699.

SUR les onze heures du matin l'Amiral tira un coup de canon, leva ſon ancre d'affourche, & nous pareillement.

Mr. le Général & Mr. l'Intendant dînerent à nôtre bord, ſi-tôt que Mr. de Pontac vit que Mr. d'Emblimont arrivoit il amena ſa flamme & nous l'arborâmes ; la Renommée la ſalua de ſept coups de canon, auſquels nous répondîmes par ſept autres, un moment aprés Mr. Robert l'Intendant alla dinir avec Mr. de Pontac, nous lui fimes tirer pour ſalut onze coups de canon & criâmes ſept fois

Vive le Roy ; nous en tirâmes treize lorsque Mr. le Général s'en alla de nôtre bord & reïterâmes le même nombre Vive le Roy.

Le Commendant tira sur les trois heures un coup de canon, défrêta son petit hunier, & nous fûmes sous voiles, sur les six à sept heures on embarqua la Chaloupe & le Canot avant d'appareiller de la rade de S. Christophe.

Mercredi onze Mars, nous arrivâmes à la Guadalouppe, & Mr. le Géneral & Mr. l'Intendant décendirent à terre sur les quatre heures au bruit du canon de la Renommée & du Fort de la basse terre.

Le Commendant envoya sa Chaloupe en nôtre bord pour nous empêcher de moüiller, & pour nous dire de mettre nos passagers à terre & d'aller moüiller à l'ancre de la plaine qui est à sept lieues de la rade au nord nord-ouest, lieu trés propre pour faire de l'eau & du bois.

Du moment que nous y eûmes affourché, on envoya la Chaloupe à terre avec du monde pour couper du bois, on leurs fit une tante pour y coucher, nous y fimes six chaloupées d'eau & vingt tonneaux d'eau.

Samedi quatorze Mars, le Commendant tira le soir le coup de partance, & nous embarquâmes tout nôtre monde, & nous appareillâmes le lendemain sur les sept heures; nous fûmes toute la journée à courir bord sur bord pour gagner le moüillage de la basse terre.

Dimanche quinzième Mars, nous moüillâmes la nuit passée à minuit dans la rade de la basse terre de la Guadalouppe, par les vingt trois brasses d'eau bon fond.

Mercredi dix-huit Mars, sur les deux heures, le Commendant tira un coup de canon pour appareiller, & défrêta son petit hunier; vers les quatre heures il en tira un autre pour presser les passagers de s'embarquer.

Mrs. le Général & l'Intendant sur les six heures & demie s'embarquerent au bruit du canon du Fort & de tous les Vaisseaux Marchands.

La Renommée fut sous voile à sept heures & demie, & nous sur les dix heures du soir, la mer étoit fort calme.

Jeudi dix-neuf Mars, nous moüillâmes à la rade du Fort saint Pierre, entre neuf & dix heures.

Nous apprîmes en arrivant que depuis nôtre départ l'on avoit pendu quelques hommes, & condamné d'autres aux galeres, de ceux qui étoient venus dans un Forban moüiller au Fort Royal.

Ce Vaisseau avoit été enlevé à S. Malo il y a quatre ans, si-tôt qu'ils avoient fait quelques prises, ils obligeoient leurs prisonniers de choisir, ou d'être jettez sur le champ à la mer, ou de prendre parti parmi eux; & à leurs places ils envoyoient de leurs gens dans leurs prises, ce qui les a perdu ; parce que n'étant plus resté à la fin que cinq ou six de leurs ancien équipage, ceux qui n'avoient pris le parti de Forban que malgré eux, & qui ne vouloient pas risquer plus long-tems la corde, chercherent l'occasion de se saisir de ces cinq ou six hommes qui restoient, &prirent la resolution d'aller mouiller au premier Port qu'ils pourroient trouver, ce qu'ils executerent heureusement & vinrent au Fort Royal.

Mr. de Guittaud Lieutenant au Gouvernement Général, Commendant en l'absence de Mr. d'Emblimont, se doutant qu'il y avoit quelque anguille sous roche, leurs donna ordre de porter eux même au Fort tout ce qu'ils avoient dans leurs bords, & les fit en même tems arrester.

Le Conseil souverain de la Martinique envoya les interroger, & comme ils avoient tous fait serment de ne se point découvrir, ils dirent tous la même chose, avec tant de conformité que l'on ne les jugea dignes d'aucun châtiment, jusqu'à ce que par malheur pour eux, un mauvais bossu dit qu'il avoit quelque chose qu'il ne pouvoit s'empêcher de dire : il déclara que ce Forban étant un jour allé à une rade Angloise, l'Amiral qui y étoit mouillé lui tira un coup de canon pour le faire venir à son bord, quand il y fut l'Anglois lui demanda où étoit sa commission, le Fourban répondit qu'il l'avoit dans son coffre, & que s'il lui plaisoit lui donner du monde il la remettroit aussi-tôt entre leurs mains qu'il seroit à son Vaisseau ; le Capitaine Anglois voyant un homme d'apparence & qui n'avoit pas l'air de ce qu'il étoit, donna facilement dans le panneau ; il y envoya un Officier de son Vaisseau avec trois hommes, qui ne furent pas plûtôt à bord du Fourban qu'il appareilla, & aprés avoir amaré ces trois malheureux, ils les jetterent inhumainement à la mer sans se laisser aucunement toucher par leurs prieres ; l'on travailloit au procez des autres lorsque nous arrivâmes.

Nous aprîmes encore dans ce tems l'a une autre nouvelle.

Il y a environ un mois & demi qu'un Vaisseau Portugais entra dans le cul de sac de la Trinité, qui est au vent de l'isle, il étoit monté par le fils du Maire perpetuel de Cadix, nommé Dom Nicolas de Rosa ; cét Espagnol commandoit auparavant un Gallion, avec lequel il étoit sorti de Cartagenne, & faisoit route pour l'Ahavanne, ville capitalle de l'isle de Cube, lorsqu'il fut pris d'une tempeste si furieuse, que son Vaisseau, quelque maneuvre qu'il put faire, se perdit à la côte ; il eut cependant le bonheur de pouvoir sauver la plus grande partie de sa Carguaison qui étoit fort considerable, il freta le Batiment Portugais dont je viens de parler, où il l'embarqua ; il étoit à trois ou quatre cens lieues de Cadix, quand il trouva les vents devers l'Est qui forcerent d'une telle maniere, qu'aprés avoir tenu quelques jours, le Vaisseau largua & fit beaucoup d'eau, ce qui les fit resoudre d'aller chercher un Port pour se racommoder, ils vinrent comme j'ay dit ci-devant au cul de sac de la Trinité ; l'on jugea que ce Bâtiment n'étoit plus en état de servir, étant ouvert par tout & fort vieux.

Le tems qu'ils trouverent fut si rude qu'il y eût trés peu de leurs équipages qui ne fit quelque vœu ; celui du Capitaine me paroît trop singulier pour pouvoir m'empècher de l'écrire.

Il fit vœu qu'à la premiere terre où il auroit le bonheur de décendre il épouseroit la premiere fille qu'il trouveroit à l'Eglise, telle qu'elle fût à qui il feroit la fortune ; effectivement il n'eût pas mis plûtôt pied à terre, qu'il s'en alla à l'Egliſe, où il rencontra par bonheur pour lui la fille de Mr. le Vaſſeur, Doyen du Conſeil ſouverain de la Martinique, âgée de quinze à ſeize ans, Demoiſelle trés jolis & trés bien faite ; auſſi tôt qu'il l'eût apperçuë il alla lui faire la reverence en criant voila ma femme, cette jeune Demoiſelle fut toute étonnée, & tout le monde le prit pour un fol ; cependant il la fit demander dés le jour même à ſes parens, qui honorez d'une telle propoſition, ſe firent un grand plaiſir de lui accorder : cét Eſpagnol s'étant fait connoître & tout le monde le connoiſſant pour homme qui avoit ſept ou huit cens mil écus de bien : cette jeune fille étoit ſi contenre de ſe marier, qu'ayant apris qu'il y avoit deffenſe du Roy, ſous de trés groſſes peines aux peres de marier leurs enfans dans les pays étrangers ; & apprehendant que cette affaire ne reussist pas, en conçût un tel chagrin qu'elle en tomba malade & ne reprit sa premiere santé & sa joye ordinaire, que lorsqu'elle fut asseurée que Mr. le Général y consentoit : le mariage se fit le vingt-troisiéme Mars 1699. le Capitaine Espagnol fit des nopces magnifiques, habilla même une partie de ceux qu'il avoit priez, acheta à sa femme tout ce qu'il y avoit de plus beau dans l'isle, dix ou douze Esclaves & un Vaisseau pour s'en retourner ensemble à Cadix.

Il arriva pendant quinze jours que nous fûmes en rade, tous les jours des Navires Marchands de toutes parts, de Bourdeaux, de la Rochelle, de Nantes, de S. Malo, de Marseille, du Havre de Grace, de Dunkerque &c. Nous allâmes mouiller le Dimanche 29. au Fort Royal, nous y rencontrâmes la Renommée & l'Aigle, qui étoit de retour de Tabag.

Sentiment

SENTIMENT

Particulier des Habitans du païs ſur l'origine & l'accroiſſement des Colonies Françoiſes, &c. en Amerique.

De la naiſſance de la Colonie de l'Iſle de S. Chriſtophe premiere des Iſles habitées par les François.

LES richeſſes prodigieuſes que les Eſpagnols tiroient de leurs Colonies, fit naître à toutes les nations de l'Europe le deſir d'en avoir leur part ; pluſieurs âvanturiers à ce ſujet équiperent des Navires pour aller trafiquer avec les Sauvages, mais l'Eſpagnol qui croyoit être le ſeùl & legitime poſſeſſeur de ce grand

K

pays, se prévalant de la donation qu'Alexandre VI. en avoit fait au Roy Catholique, Ferdinand & Isabelle, l'an mil quatre cens quatre-vingt treize, pour y établir le Christianisme, s'y opposa de toutes ses forces & traita de pirates ceux qu'il trouva entre les deux tropiques : voila le sujet de la guerre dans les Indes occidentalles.

Soit que les autres nations estimassent cette Donation frivolle, ou que ce fut par forme de represailles, elles resisterent aux efforts des Espagnols, & firent souvent de trés riches prises sur eux ; cette petite guerre a duré jusqu'à ce que Dieu leurs eût inspiré d'habiter une si riche partie du monde, dont-il sembloit qu'il voulut priver cette nation ambitieuse, qui s'en est rendu indigne par les horribles cruautées qu'elle a exercé sur les Indiens ; cruautées si étrange, que le Pere Barthelemy de Las Casas, Evêque de Chiapa, Réligieux de l'Ordre des Freres Prêcheurs, asseure comme témoin oculaire, que les Espagnols en quarante ans ont massacré cinquante millions d'hommes dans les Isles d'Hispaniola, de Cube & de saint Jean de Porteric.

Ce n'est pas que je veule nier que les François quoique moins cruels, n'ayent aussi exercé quelques actes de barbarie ; mais l'on a remarqué que ceux qui avoient trempé leurs mains dans le sang de ces pauvres innocens, ont tous expié leurs massacres par la perte de leurs vies, où de leurs biens.

Entre plusieurs Capitaines qui tâchoient de faire fortune dans l'Amerique, un Gentil-homme nommé Desnambuc, cadet de la maison de Vauderope en Normandie, resolut de la tenter.

Il partit de Dieppe l'an 1625. dans un Brigantin, armé de quatre pieces de canon & de quelques pierriers, avec environ trente cinq hommes, tous bons soldats ; arrivé aux Xaimans ; il fut découvert par un Gallion d'Espagne de quatre cens tonneaux, armé de trente pieces de canon, qui l'attaqua si brusquement qu'à peine Mr. Desnambuc eut le tems de se reconnoître, bien loing cependant de perdre courage, il se deffendit si vaillamment qu'aprés un combat de trois heures l'Espagnol fut contraint de l'abandonner, aprés avoir perdu la moitié de son équipage.

Cette victoire parut bien funeste à nôtre Gentil-homme, car aprés ce rude combat le Vaisseau ne fut plus en état de tenir la mer, ayant été dêmaté, désagrée de ses cordages, ses voiles en pieces, huit ou dix de ses hommes tuez, & la plus grande partie des autres blessez dangereusement : inspiré du Seigneur, qui sembloit l'avoir choisi comme le pere des habitans, & comme le fondateur des Isles Françoises ; il aborda l'Isle de saint Christophe située comme j'ay déja dit au dix-septieme degré de latitude septentrionnalle pour y racommoder son Brigantin, & y faire pencer tous ses blessez par le Chirurgien qu'il avoit embarqué avec lui.

Il rencontra dans cette Isle vingt cinq ou trente François refugiez en divers tems & par differentes occasions, qui vivoient avec les Sauvages en grande union des vivres qu'ils leurs fournissoient fort liberalement: l'arrivée de ce Gentil-homme leurs donna beaucoup de consolation, ils vêçurent avec lui sept ou huit mois, l'aimant comme leur pere & lui obeïssant comme à leur Chef: il receuilloit du tabac avec eux qui dans ce tems-l'a valoit dans nos havres douze ou quinze francs la livre, pendant que l'on réparoit son Vaisseau, où qu'il trouvât quelqu'autre Vaisseau pour repasser en Europe.

Il faut ici remarquer qu'un Capitaine Anglois nommé Vvaernard, aussi maltraité par les Espagnols que Mr. Desnambuc l'avoit été, se jetta presqu'en même tems que lui dans saint Christophe. Cét Anglois vivoit avec les Sauvages en aussi bonne intelligence que Mr. Desnambuc, cependant ces barbares entrerent en deffiance des uns & des autres, parceque dans un vin général qu'ils firent, le diable leurs persuada par la bouche de leur boyer (j'expliqueray cette cérémonie par la suite) que ces nations étrangeres n'étoient abordées dans l'Isle que pour les massacrer tous cruellement, comme elles avoient tué leurs ancestres dans tous les pays qu'elles occupent; cét esprit de mensonge n'eut pas de peine à les porter à s'en deffaire en une nuit, ils choisirent pour cét éfet la pleine lune, & ils eussent infailliblement executé cette sanglante déliberation, si la divine Providence n'eût détourné cét orage, permettant qu'un ſauvage pour quelqu'intereſt particulier vint découvrir aux François & Anglois le ſecret de ſes compatriottes & leur attira le malheur qu'ils prémeditoient, car nos François & Anglois déteſtans une ſi horrible conſpiration les prévînrent chacun dans ſon quartier, & en une même nuit les poignarderent tous dormans dans leurs lits ſans en excepter un ſeul, ſinon quelqu'unes des plus belles femmes pour en faire leurs eſclaves; il y en eût cent ou ſix vingts de tuez; cela fait ces deux Capitaines Deſnambuc & Vvaernard, concerterent enſemble ſur le deſſein qu'ils avoient d'abiter cette Iſle, & aprés avoir projetté le partage des terres, ils partirent de l'Iſle de ſaint Chriſtophe preſqu'en même tems, pour travailler à l'établiſſement de quelques compagnies qui pût ſurvenir aux frais neceſſaires.

Mr. Deſnambuc chargea ſa Barque de tabac & de tout ce qu'il put trouver de plus curieux, arriva en France, où ayant beaucoup gagné sur sa marchandise, il arriva à Paris en fort bon équipage ; pour venir à bout de ses prétentions il fit en sorte par le moyen de ses amis, d'exposer à Monsieur le Cardinal de Richelieu, la fertilité de toutes ces Isles & les grandes richesses qu'on en pouvoit tirer, en quoi il reussi avec tant de bonheur que son Eminence approuvant sa proposition, permit l'établissement de la Compagnie de l'Isle de saint Christophe, le dernier jour du mois d'Octobre l'an 1626.

Cette Compagnie fut composée de personnes de haute qualité, & quoique le premier fond de chaque particulier ne fut que de deux mil livres, Monsieur le Cardinal y prenant plusieurs parts comme firent quelqu'autres à son imitation, il se trouva une somme capable de fournir à l'équipage de plusieurs Vaisseaux. Ces Seigneurs de la Compa-

Compagnie

gnie donnerent Mr. de Roſſey pour Collegue à Mr. Deſnambuc, & aprés que tous deux eurent reçû leur congé en pareille forme, datté du quatorziême Novembre 1626. & fait un traité qui portoit entre pluſieurs conditions onereuſes, que les habitans donneroient la moitié de leur travail auſdits Seigneurs de la Compagnie; ils leverent environ trois cens hommes qu'ils embarquerent dans trois Navires, équipez aux frais de la Compagnie, pour les mener à l'Iſle de ſaint Chriſtophe.

On ménaga ſi mal cent mil livres avancez pour cét embarquement, que nos gens n'eurent pas fait deux cens lieues en mer que les vivres leurs manquerent, & firent un voyage le plus malheureux qu'on ait jamais fait depuis que les Isles ſont frequentées: ils arriverent à la pointe de ſable au commencement de May 1627. & débarquerent leur monde tout en deſordre & dans un si pitoyable état, que le plus fort d'entre eux avoit bien de la peine à se soutenir ; la plûpart étoit à demi mort, couchez sur le sable sans aucun secours n'y spirituel n'y temporel, & ce qui est horrible à entendre, les Crables qui sont des animaux dont le corps semble n'estre composé que de deux mains, tronquez par le milieu & rejointes ensemble ; car des deux côtez vous y voyez les quatre doigts & les deux mordans qui servent comme de pouce, tout le reste du corps est couvert d'une écaille large comme la main relevé en bosse, audevant de laquelle sont enchassez deux petits yeux longs & gros comme des grains d'orges, transparents comme du cristal & solides comme de la corne, un peu au dessous est la gueule couverte de quelques barbillons, sous lesquels sont deux dents larges comme la moitié de l'ongle, tranchantes & blanches comme de la neige, elles ne ſont pas ſituées comme les machoires des autres animaux en haut & en bas mais aux deux côtez, & s'entrejoignent comme des fers de ciſeaux ; avec ces dents elles coupent les feuilles, les fruits & les bois pourris qui ſont leur nourriture ordinaire : ces animaux décendent de la montagne environ le mois d'Avril ou de May, lorſque les premieres pluyes commencent à tomber, alors ils ſortent tous des creux des arbres, des ſouches pourries, de deſſous des rochers & d'une infinité de trous qu'ils font dans la terre ; on voit dans ce tems-l'a la terre couverte de ces Crables, en ſorte qu'il faut ſe faire place & les chaſſer devant ſoi pour pouvoir mettre le pied à terre ſans en écraſer quelqu'un, pour lors tout le monde fait bonne chere & il ne ſe trouve point de caſe où l'on n'en faſſe mourir plus de cent par jour ; ils jettent tous les corps & ſe contente d'un amas de petits œufs quasi imperceptibles, desquels ils ont gros comme le pouce à chaque côte de l'estomach, qui sont fort nourissans & de fort bon goût. Ces Crables donc décendus en grande abondance au bord de la mer & en monceau les uns sur les autres, en mangerent plus de trente. Nos deux Capitaines rassemblerent les plus sains, & les ayant divisé par la moitié, Monsieur Desnambuc fut prendre son quartier à la capestere, & Monsieur du Rosay à la basse-terre, laissant tout le reste à la misericorde de Dieu.

Le Capitaine Vvaernard ayant trouvé plus de disposition en Angleterre au succes de son dessein, que Desnambuc en France, eut bien-tôt formé une Compagnie de laqu'elle le Milord karlay étoit chef, de sorte qu'il étoit déja arrivé à saint Christophe & avoit pris son poste à la grande rade, avec quatre cens hommes, bien munis de toutes sortes de provisions ; il reçut fort civilement nos deux Capitaines, & d'un commun accord partagerent la terre de l'Isle le treize Mai 1627. aux noms des Rois de France & d'Angleterre, selon les Commissions qu'ils en avoient apportez, ainsi qu'il est trés ponctuellement marqué sur la Carte; neanmoins la chasse, la pêche, les salines, les rivieres, la mer, les rades, les mines, les bois de teintures & de prix, demeurerent communs à toutes les deux nations.

Quoique la colonie Angloise fut considerable, elle souffrit fort peu, parce qu'il leurs arrivoit souvent des Vaisseaux chargez de vivres qui les firent subsister jusqu'à ce que les patates & les poids qu'ils planterent eussent atteint leur maturité ; la Françoise étoit bien differente, car étant arrivé dans l'Isle malades & affoiblis par le travail d'une si rude traversée, ils souffrirent non-seulement par la famine, mais encore par le défaut, secours qui fut tel, que pendant toute une année ils ne virent pas un seul Navire à leur côte.

La colonie Angloise s'augmenta si fort qu'ils furent contraints d'envoyer une partie de leurs hommes pour habiter l'Isle de Niesve distante de deux lieues de celle de S. Christophe, pendant que nos François mouroient de faim, & déperissoient tellement que de quatre cens hommes qu'ils devoient être dans l'Isle, il n'en restoit plus que cent cinquante, ce qui fit murmurer les Anglois & crier tous haut, qu'il n'étoit pas raisonnable qu'une si foible colonie les empêchât de s'étendre au de là des limites qui leurs avoient été prescrites. Monsieur Desnambuc fit tout ce qu'il put pour adoucir les choses, alleguant qu'il ne pouvoit passer les ordres du Roy sans en avoir reçû de nouveaux, il les pria de lui donner le tems d'aller en France, rendre compte à sa Majesté de l'état de la colonie, ce qui lui fut accordé ; il partit promptement laissant le Gouvernement de toutes choses à Mr, de Rossey. A peine fut-il embarqué qu'un secours inesperé arriva aux François, s'étoit un Navire de Zelande chargé de vivres, d'étoffes & de toutes sortes de denrées necessaires dans les Isles ; le Capîtaine de ce Vaisseau ayant trouvé du tabac bien conditionné chez les François, les encouragea & les pria de travailler pour lui, leur promettant de les secourir dans six mois, leurs aporter des vivres & tout ce qu'ils auroient besoin.

Cependant Mr. Desnambuc arriva en France & raporta tout ce qui se passoit à Messieurs de la Compagnies, les assurant que s'il n'étoit efficacement assisté, tout ce qu'ils avoient avancé jusqu'à-lors étoit infailliblement perdu ; on exposa la même chose à Monsieur le Cardinal de Richelieu, qui resolut de lui donner de secours ; pour cét éfet il fit promptement armer quatre Vaisseaux de Roy trés grands & deux moyens, les Seigneurs de la Compagnie de leur part, leverent trois cens hommes à leurs frais pour habiter dans l'isle, cét embarquement partit du Havre de Grace au mois de Juin 1629. sous la conduite de Monsieur de Cahusac, & arriva à saint Christophe le mois d'Aoust suivant.

Si-tôt que la Flotte fut arrivée Mr. de Cahusac fit sommer le Capitaine Vvaernard, pour ratifier les contrats de la partition des terres, & pour laisser aux François la libre possession des terres qui leurs étoient échues en partage ; l'Anglois demeura trois jours pour en deliberer, Monsieur de Cahusac lui fit réponse qu'il n'a pas un moment de tems à donner, & que si cela ne se faisoit tout à l'heure il livreroit combat à dix Navires Anglois qui étoient le long de la côte & s'estimoient plus forts que nous. Les Anglois differant un peu trop, il leva l'ancre pour aller attaquer ces dix Vaisseaux, qui se disposerent aussi-tôt au combat & l'attendirent de bonne grace, le combat fut trés long & trés rude, & longtems incertain, mais trois de leurs Vaisseaux ayant été pris par Mr. de Cahusac, quelqu'uns jettez à la côte & le reste contraint de suir en desordre; nôtre Amiral demeura victorieux & perdit fort peu de monde, entre lesquels un Gentil-homme nommé Pompierre, l'un de ses Capitaines, fut fort regreté.

Les Anglois voyant le désavantage qu'avoient eus leurs Navires, creurent qu'il y avoit plus de huit cens hommes dans les nôtres, & apprehenderent tellement la suite, qu'ils envoyerent le fils de leur Capitaine Vyaernard, jeune homme fort cheri des François, avec promesse de ne les jamais inquieter pour la possession de ce qui leurs étoit échu en partage l'an mil six cens vingt-sept.

Monsieur de Cahusac ayant heureusement remis les François dans la joüissance de leurs biens & debarqué les trois cens hommes levez par la Compagnie, permit à ses Capitaines de croiser le long des Isles habitées par les Espagnols.

Un Capitaine de la Flotte nommé Giron, contre l'ordre de l'Amiral, quitta la Flotte dans le dessein d'habiter à ses frais l'Isle de saint Eustache, distante de saint Christophe de deux lieues, petite à la verité, mais la plus forte assiette des Isles de l'Amerique; il y fit travailler en sa presence pour y bâtir un Fort & y commencer une habitation.

Nos François joüissans d'une profonde paix avec les Anglois ne songeoient qu'à planter du tabac & des vivres sur leurs habitations, lorsque sur la fin d'Octobre de la même année, Dom Frederic de Tolede, Général d'une armée de trente cinq gros Gallions, avec ordre du Roy d'Espagne de chasser les François & les Anglois de l'Isle de saint Christophe, parut à l'Isle de Niesve ; il enleva d'abord quatre Vaisseaux Anglois & detacha un Gallion pour en poursuivre un autre qui vint échoüer sous la Forteresse des François à la basse terre, étant tout proche de terre il salua la Forteresse de trois coups de canon sans balles, Mr. de Rossay qui y commendoit lui répondit par trois autres à balles à travers son Navire, le Capitaine du Gallion dissimula & se contenta d'enlever sa prise. Le soir toute la Flotte moüilla à deux portées de canon de la Forteresse de Mr. du Rossay, qui demanda secours aux Anglois & à Monsieur Deshambuc Commendant à la capesterre ; ceux-là envoyerent huit cens hommes & ceux-ci deux cens qui se retrancherent toute la nuit le long de la côte, à huit heures du matin trois grandes Chaloupes chargées de soldats partirent de l'Amiral pour mettre pied à terre sous la conduite d'un Capitaine Italien fort estimé ; il fit décente à deux portées de mousquet du retranchement des habitans, où il se retrancha & fit avancer du monde pour un second retranchement, & gagner ainsi pied à pied jusqu'au retranchement des nôtres ; l'Amiral des Anglois fit aussitôt partir de tous les Vaisseaux des Chaloupes chargées de soldats pour décendre à la faveur de ces retranchemens ; alors un jeune Gentilhomme nommé Duparquet, neveu de Mr. Desnambuc, voyant le procedé des Espagnols, & que Mr. de Rossay les laissoit faire leurs décentes sans s'y opposer, lui dit ? quoi Monsieur, endurerons nous que ces ennemis triomphes sans les combattre, & souffrirons nous qu'ils nous égorgent sans resistance ? sera-t'il dit que les Espagnols attaquent les François sans éprouver leur valeur : al-

ſons Monſieur, il faut mourir avec honneur ou empêcher leurs décentes. Du Roſſay le voyant ſi reſolut lui donna ordre de s'opoſer à leurs efforts, lui promettant de le ſeconder; il ne lui détermina perſonne pour une ſi perilleuſe entrepriſe, cependant douze volontaires ravis d'une ſi extraordinaire generoſité l'accompagnerent, il ſortit auſſi-tôt du retranchement, courut à la tranchée des ennemis, ſes deux piſtolets lui ayant manqué il les jetta à la tête de ceux qui ſe preſenterent à lui, ſon mouſquet lui en ayant fait de même, il mit l'épée à la main & reſolut de mourir plûtôt en homme de cœur que de reculer, les volontaires le ſoutinrent vigoureuſement & firent des merveilles de leurs perſonnes. Le Capitaine Italien qui conduiſoit les Eſpagnols vint aux mains avec lui, & aprés quelque reſiſtance de part & d'autre, nôtre jeune heros lui paſſa ſon épée au travers du corps & le tua. Enfin aprés avoir fait ce que le plus vaillant homme auroit pû faire en pareille rencontre, il tomba blessé de douze coups, & fut tiré dans la tranchée ennemie par des sergens, avec les crochets de leurs hallebardes, & ensuite ils le porterent dans le Vaisseau de Dom Frederic de Tolede, qui fit tout ce qu'il put pour lui sauver la vie, mais il mourut dix jours aprés, laissant à la posterité un monument d'une gloire immortelle, & un sensible regret à ses ennemis qui avoient conçûs une haute estime de sa valeur.

Mr. du Rossay voyant Mr. Duparquet tombé comme mort, que les volontaires lâchoient le pied & que l'Espagnol poursuivoit vivement sa pointe, prit le premier l'épouvante, etonna ses soldats de sa seule contenance, dit tout haut qu'il falloit se sauver, ce qu'il fit vers la capesterre, où tout le monde s'éforça de le suivre à perte d'haleine, criant que tout étoit perdu, que l'Espagnol les poursuivoit & qu'il falloit s'embarquer dans les deux vaisseaux qui étoient à la rade, & abandonner l'Isle. Mr. Desnambuc tacha de les rasurer & ne pût en venir à bout, Mr. du Rossay demanda qu'on tint Conseil de guerre où sa brigue étant la plus forte, il fut conclu qu'on abandonneroit l'Isle, qu'on iroit habiter celle de la Barbade, & qu'on poignarderoit Desnambuc s'il n'y vouloit consentir ; ils s'embarquerent quatre cens hommes dans deux Vaisseaux qui étoient moüillez pour lors à la capesterre. Les Anglois voyant que les Espagnols s'étoient saisis de la Forteresse des François s'accommoderent avec les Espagnols, à condition qu'ils quitteroient l'Isle à la premiere commodité. Dom Frederic de Tolede en fit aussi-tôt embarquer le plus qu'il put dans les quatre Vaisseaux qu'il leurs avoit pris en arrivant, & les fit partir pour l'Angleterre, le reste promettant d'en faire de même à la premiere occasion. Les Espagnols les menaçant de ne leur point faire de quartier s'ils les retrouvoient dans l'Isle : retournons à nôtre pauvre colonie qui étoit chargez de peu de vivres, & fut battus tellement de la tempeste qu'ils furent enfin reduits à un verre d'eau, & de biscuit à la pesanteur d'une balle de mousquet ; ils ne purent jamais gagner l'Isle des Barbades qu'ils avoient projetté d'habiter, & se trouvant aprés plus de trois semaines proche l'Isle de saint Martin, distante de saint Christophe de sept lieues ; sitôt qu'ils eurent reconnus cette Isle, tous les équipages des deux Vaisseaux pressez de la necessité, mirent pied à terre pour chercher à boire & à manger, mais dans l'endroit le plus sec de toute l'Isle ; ils ne trouverent n'y rivieres n'y mares d'eau douce, n'y fontaine pour se rafraîchir, ce qui les contraignit à faire des puits dans

dans le ſable, d'où ils tiroient de l'eau à demie ſalée, qui en fit crever ſept ou huit qui en prirent un peu plus que les autres.

Nos deux Capitaines étoient demeurez dans le Vaiſſeau du Capitaine des Roches, penetrez de chagrin de voir étouffer dans ſon berceau leurs entrepriſes; Du Roſſay croyant qu'il n'y avoit aucun remede reſolu de tout quitter, & obligea le Capitaine des Roches, contre le gré de Deſnambuc de faire voile en France avec quelques Officiers qu'il avoit débauché, mais à ſon arrivée Mr. le Cardinal de Richelieu le fit enfermer dans la Baſtille où il fut long tems.

Nos François qui virent ce Vaiſſeau parti, crurent être abandonné de leurs Chefs & ſe deſoloïent lorſqu'ils aprirent que Deſnambuc étoit reſolu de vivre & mourir avec eux; il étoit tendrement aimé & releva par ſa preſence & ſes paroles le courage abattu de ses pauvres desesperez ; il tint Conseil où il fut resolut d'aller encore une fois à l'Isle des Barbades, il s'embarqua dans le Navire du Capitaine Liot avec cent cinquante hommes, laissant le reste dans saint Martin, avec promesse de les envoyer querir aussi-tôt qu'ils auroient pris terre ; aprés quatre jours de navigation fâcheuse ils aborderent à l'Isle d'Antioga, où ils rencontrerent le Navire du Capitaine Giron qui y prenoit des eaux, ils visiterent cette Isle & la trouverent trés mal saine, ce qui les fit prier ce Capitaine de les conduire à l'Isle de Monsarat, habitée des Sauvages qui avoient quantité de vivres, ce qu'il accorda, ravi de trouuer l'occasion d'effacer par quelque service la faute qu'il avoit fait d'abandonner son Amiral contre les ordres du Roy. Il fit plus, car aprés il partit pour aller reconnoître l'Isle de saint Christophe & trouva que les Anglois resolus de ne pas tenir leurs paroles à l'Espagnol, vouloient être seuls les maîtres de l'Isle, même si-tôt qu'ils apperceurent le Vaisseau ils lui envoyerent faire deffence d'aborder la terre; Giron voyant qu'on le traitoit en ennemi attaqua deux Vaisseaux Anglois qui étoient à la rade & s'en empara, & vint mouiller prés du troisiéme, jurant que s'il tiroit un coup de canon il le couleroit bas; il envoya aussi-tôt une de ses deux prises à Monsarat, & l'autre à saint Martin, pour ramener tous les François dans l'Isle de saint Christophe: nos François charmez d'une si heureuse nouvelle & si inesperée, partirent de ces deux Isles pour retourner à saint Christophe, aussi content que les Israëlites, qui sortirent de l'Egypte pour entrer dans la terre de promission.

Si-tôt que les deux Navires furent de retour, avec trois cent cinquante bons hommes bien armez; Giron menaça les Anglois qui peu agueries pour la plûpart & sans armes s'accorderent avec lui, si bien que Desnambuc se saisit de ses anciens postes, & tous les particuliers de leurs habitations, ce qui arriva trois mois aprés la deffaite.

Nos François trouverent que les Espagnols avoient entierement détruits leurs habitations, ce qui les reduisit à une si grande extremité, qu'ils seroient tous peris de faim, si deux mois aprés leur retour le Seigneur n'eût permis que le Capitaine de Zelande qui avoit traité avec Mr. Desnambuc ne fut arrivé ; ce Capitaine fut si touché de leurs miseres, qu'il leurs vendit pain, vin, viande & tout ce qui leurs étoit necessaire à six mois de payement.

Nos habitans à la faveur de ce secours firent tant de tabac, aprés avoir planté des vivres, qu'ils payerent comptant le charitable Zelandois à son retour, sans se mettre en peine de satisfaire la Compagnie, qui se plaignit que cette colonie lui coutoit plus de cinquante mil écus, & outrée de ce que nos François trafiquoient avec les Hollandois sans leur rien envoyer ; elle chercha à leurs faire toutes sortes de chagrins, mais la Compagnie voyant que cela n'aboutiroit qu'à détruire cette colonie, aima mieux s'accommoder avec les habitans, qui convinrent de donner par teste chacun cens livres de tabac pour les droits, ce qui a toûjours été observé jusqu'à ce que la Compagnie ait vendu ces Isles à des particuliers.

Nos François voyant la colonie Angloise s'augmenter à proportion que la nôtre diminuoit, étant réduits à deux cens & les Anglois cinq ou six mil, se maintinrent en gens desesperez, & imprimerent une telle terreur aux Anglois qu'ils avoüoient qu'ils aimoient mieux avoir affaire à deux diables qu'à un François.

Durant ce grand abandonnement nos François vécurent sous la sage conduite de Mr. Desnambuc, avec tant d'union que tout étoit commun parmi eux, sans Notaire, Procureur n'y Sergent, & si quelques differents survenoit il les terminoit avec tant de prudence, que tous se soumettoient avec plaisir à ses ordonnances. C'est ce sage Commendant qui trouvant la loi des Anglois trop rudes à l'égard de leurs domestiques, qu'ils obligeoient à la servitude pendant sept ans pour leurs passages d'Europe en Amerique; il ordonna que les serviteurs des François passez dans l'Isle aux dépens de leur maître serviroient trois ans, à gages proportionnez à leur force, aprés lequel tems il leur seroit libre de retourner en France ou de s'établir dans l'Isle; l'autorité de ce Gentil-homme a eu tant de poids, que cette loi a subsisté & subsiste par toutes les Isles que les François occupent.

Sous un ſi heureux Gouvernement il ne manquoit à nôtre colonie que des hommes que les Seigneurs de la Compagnie ne vouloient plus riſquer apprehendant de tout perdre, avec les deniers qu'ils avoient déja avancée, ce que les habitans ayant connus, ils vinrent eux-même en France en 1633. & en 1634. & leverent des hommes à leurs dépens, ce qui fait qu'ils n'ont payé depuis les droits de la Compagnie qu'à regret : nôtre colonie s'étant affermie par les efforts des habitans, s'épandit dans les plus belles Isles voiſines, quoi qu'il faut avoüer que n'étant plus ſecourue de la Compagnie elle ne fit que languir juſqu'à l'arrivée de Monſieur le Chevalier de Poincy, envoyé par le Roy, Lieutenant Général dans toutes les Isles que les François occupoient : ce Général voulant s'aquitter de cét emploi avec autant de gloire qu'il avoit fait en France, employa les revenus de ſes Commanderies à peupler, policer & orner cette Isle; il fit bâtir des Egliſes, un ſuperbe Chateau, une Citadelle à la pointe du ſable, un Bourg à la baſſe terre, & pluſieurs autres beaux édifices; il fit agrandir les chemins qu'il orna d'orangers & de citronniers, ſon bon gouvernement y attira des François de toutes parts, & des Marchands qui apportoient toutes ſortes de marchandiſes & des eſclaves qui ſont les baſes d'une colonie, & l'a rendu enfin une des plus floriſſantes & des plus agreables Isles qui ſoit dans toute l'Amerique.

SENTIMENT

Des Habitans des Isles sur la naissance de la Colonies de celle de la Martinique située au quatorziême degré trente minutes de latitude septentrionalle.

De la Martinique.

MONSIEUR Desnambuc, dont nous venons de parler, Gouverneur de l'Isle de saint Christophe, avoit depuis long-tems fait le dessein d'habiter l'Isle de la Guadalouppe dont-il connoissoit parfaitement les avantages, mais se voyant suplanté par le Sieur de l'Olive, a qui il avoit communiqué son dessein & aprehendant que quelqu'autre ne lui en fit autant de l'Isle de la Martinique, resolut de ne plus differer.

Il prit pour cette entreprise cens des vieux habitans de l'Isle de saint Christophe, tous gens délites, accoûtumez à l'air du pays, au travail & à la fatigue; chaque habitans fit provision de bonnes armes, de poudres, de balles & de toutes sortes d'outils pour défricher la terre; ils n'oublierent pas du plan de Manioc & de Patates pour y planter; des poids & des féves pour y semer.

Monsieur Desnambuc partit donc de saint Christophe au mois de Juillet 1635. & arriva six jours aprés à la Martinique, où d'abord il fit bâtir un Fort sur le bord de la mer, qu'il munit de canon & de tout c qui étoit necessaire pour le bien défendre, il le nomma le Fort sain Pierre; aprés qu'il eut veu commecer une habitation il s'en retourna saint Christophe, & laissa le Sie Dupont pour commander en qual té de son Lieutenant, avec ordre exprés de conserver la paix avec les Sauvages, autant qu'il lui sera possible.

Cependant les Sauvages qui ne souffrent jamais que contre leurs volontez le voisinage des Européens, commencérent à murmurer; il y eut même un different qui couta la vie à quelqu'uns de part & d'autre, ce qui fit que nos habitans demeurerent plus serrez proche le Fort, & souffrirent beaucoup, n'osant aller seuls à la chasse de peur d'être rencontré & maltraité par ces Sauvages.

Ces barbares qui avoient mal à propos commencé la guerre contre les François, crurent qu'ils devoient les détruire entierement avant qu'ils eussent le tems de s'acroître & se multiplier; ils appellerent pour cét effet à leurs secours tous les Sauvages des Isles voisines: le jour assigné entr'eux, ils se presenterent, faisant mine de vouloir attaquer le Fort, mais le Sieur Dupont qui avoit été averti par un dés leurs, avoit fait retirer tous les soldats dans son Fort & chargé son canon de mitraille jusqu'à l'embouchure ; il les laissa approcher contre la terre, & les y voyant presque les uns sur les autres, il fit mettre le feu à son canon, qui fit un si étrange carnage, que ces pauvres gens croyants que tous les Maboyas de la France étoient sortis de la gueule de ces canons pour les détruire, s'enfuirent sans oser rien entreprendre depuis ce tems-là contre les François.

Monsieur Desnambuc ayant eu avis de la guerre contre les Sauvages envoya aussi-tôt à la Martinique le Sieur de la Vallée avec cinquante hommes, à l'arrivée de ce renfort, les Sauvages quitterent leurs habitations les plus proches des François mettant le feu à leurs cases & arrachant tous les vivres, nos habitans trés aises de trouver de la terre découverte, s'en saisirent aussi-tôt & gagnerent ainsi plusieurs belles habitations.

Cette colonie s'afermit de plus en plus, & les Sauvages voyant que les habitans de saint Christophe les secouroient puissemment, & qu'il arrivoit des Vaisseaux trés souvent, commencerent à parler d'accommodement, Mr. Dupont les receut avec toute la douceur imaginable, leurs disant que c'étoit malgré lui qu'il leurs avoit fait la guerre, qu'il souhaitoit vivre avec eux dorénavant comme leur frere, & soutiendroi en tout & par tout leurs interests; les Sauvages en firent autant, & ainsi la paix fut conclue avec une joye reciproque.

Mr. Dupont fort content de cét accord partit lui même pour en aller porter les heureuses nouvelles à Mr. Desnambuc, mais le malheur voulut qu'aussi-tôt qu'il fut appareillé il fut pris d'un si furieux coup de vent, que son Vaisseau fut emporté à la côte de l'Isle d'Hispaniola ; il fut pris par les Espagnols, chargé de chaînes & jetté dans une affreuse prison où il resta trois ans, sans qu'on pût sçavoir aucune de ses nouvelles.

Tous les habitans souffrirent beaucoup pendant son absence, car les vivres qu'ils avoient planté n'avoient pas encore leur maturité, & Monsieur Dupont leur avoit asseuré qu'il leurs en apporteroit ; un an se passa & l'on en aprit aucune nouvelle, ce qui fit croire que son Vaisseau étoit peri.

Monsieur Desnambuc apprenant avec un sensible chagrin le desastre de son Lieutenant, & se sentant cassé de maladie & proche de sa fin, envoya Mr. Duparquet son neveu, frere de ce jeune Gentil-homme qui fut tué si glorieusement dans l'Isle de saint Christophe à la décente des Espagnols.

Ce brave Gentil-homme heritier

du courage & de la valeur de son frere, aussi bien que de son nom, poursuivit cét établissement commencé avec tant de prudence, que nonobstant que cette Isle fut fort décriée à cause de la prodigieuse quantité de serpens qu'elle nourrissoit avant qu'elle fut découverte, il l'a renduë par sa sage conduite si celebre, qu'elle est à present la plus peuplée & la plus renommée des Isles comme je l'ay fait voir ci-devant.

SENTIMENT

Des Habitans des Isles sur la naissance de la Colonie de la Guadaloüppe.

De la Guadaloüppe.

IL y avoit dans saint Christophe un Gentil-homme nommé l'Olive, des plus anciens & des plus courageux habitans de l'Isle : ce Gentil-homme avoit une parfaite connoissance de la qualité de toutes les Isles voisines pour les avoir fort frequentées, étant venu en France en 1634. avec quantité de marchandises, il rencontra dans la ville de Dieppe peu de jours aprés son arrivée, un Gentil-homme appellé Duplessis, qui avoit déja été à saint

Christophe avec Monsieur de Cahusac, & étoit sur le point d'y retourner : ces deux Messieurs sentretenant tous les jours de la beanté & de la fertilité de toutes ces Isles, mais particulierement de la Guadalouppe, prirent le dessein d'y jetter une nouvelle colonie, ils vinrent à Paris communiquer leur resolution aux Seigneurs de la Compagnie, leurs faisant un recit fidelle de la fertilité & de la beauté de cette Isle, persuadez de leurs discours, ils en parlerent à Monsieur le Cardinal de Richelieu, qui loüa beaucoup cette entreprise, & ordonna que leurs expeditions fussent delivrées incessamment ; l'on prit des mesures pour y envoyer des Missionnaires, & l'on compte même douze Réligieux de l'Ordre des Freres Prêcheurs, qui ont arrosé de leur sang la terre de la Guadalouppe, en publiant l'Evangile aux habitans Sauvages.

Les Sieurs l'Olive & Duplessis,

aprés avoir puissamment solicité obtinrent deux Commissions égales, pour commander chacun dans son quartier à la moitie du peuple qu'on leur envoyeroit, les Seigneurs de la Compagnie leur avancerent trois mil livres, pour être employées dans l'achat de quatre petites pieces de canon, de cent mousquets, cent piques, & cent corps de cuirasses, qu'ils devoient également partager à leur arrivée dans l'Isle; mais comme cette entreprise demandoit une dépence à laquelle nos deux Capitaines n'auroient pû survenir, ils traiterent avec quatre ou cinq Marchands de Dieppe, avec qui ils convinrent lesdits Marchands de faire passer à leurs frais quinze cens hommes dans la Guadalouppe, & les assister de vivres jusqu'à ce qu'il y en eut suffisamment dans l'Isle pour leur nourriture, & nos deux Capitaines de leurs faire payer vingt livres de tabac par teste des habitans passez à leurs frais, ſans faire prejudice aux droits de la Compagnie; & de plus, que pendant dix années perſonne ne pourroit trafiquer dans cette Iſle que les Capitaines des Navires envoyez par les Marchands.

Aprés que nos Capitaines eurent amaſſé cinq cens hommes qui s'obligerent preſque tous de ſervir trois ans pour leurs paſſages, ils s'embarquerent dans un Vaiſſeau quatre cent hommes, & en mirent cent dans une barque le vingt May 1635. nos deux Chefs d'une humeur trés oppoſée avoient dégalles Commiſſions ce qui cauſa entr'eux une diſpute touchant la primauté, qui fut l'origine de tous les deſordres.

Cette colonie arriva heureuſement le vingt-cinquiême de Juin à l'iſle de la Martinique, pour lors habitée ſeulement par les Sauvages.

Le vingt-huit Juin cette nouvelle colonie arriva à la Guadalouppe où les Réligieux embarquez le lendemain, dresserent un Autel, érigerent la Croix, bâtirent une Chapelle; & le mois de Septembre suivant receurent le bref de leurs missions, qu'ils leurent aux habitans, qui depuis ce tems ont toûjours rendu aux R. de cét Ordre, tous les devoirs d'oüailles comme à leurs seuls & legitimes Pasteurs.

Les deux Chefs n'eurent pas plûtôt mis pied à terre qu'ils parcoururent toute l'Isle, pour choisir un endroit pour s'établir, mais par malheur ils choisirent le plus ingrat de l'Isle, où ils déchargerent tout ce qui étoit dans les deux Bâtimens & partagerent tant les hommes que les vivres & munitions de guerre, mais ce ne fut pas sans de grandes disputes entre ces deux Capitaines.

Mr. de l'Olive se plaça à la droite & fit bâtir un petit Fort qu'il nomma Fort de saint Pierre, & Monsieur Duplessis à la gauche, à deux portées de mousquet, étant separez par une petite riviere.

Nos gens n'ayant apporté des vivres que pour deux mois, se trouvant à la Guadaloppe sans patates, manioc n'y poids pour semer, furent bien-tôt reduits à une telle extremité, que la plûpart moururent desesperez ; ils auroient pû recevoir beaucoup de soulagement des Sauvages si leur humeur impatiente ne les eût rebutté, car ne se doutant pas du dessein qu'on avoit de leur faire la guerre, ils venoient souvent visiter nos François & jamais les mains vuides, ayant même remarqué qu'ils avoient besoin de vivres leurs pirogues étoient toûjours remplis de tortuë, de lezard, de poisson, de cassave & de toutes sortes de fruits du pays, mais nos gens ennemis de leur propre bonheur, se plaignirent de leurs trop frequentes visites, disant qu'ils ne venoient que pour reconnoître leur foible, & en tirer avantage.

Dans cette pensée on en maltraita quelqu'uns, & même on fut sur le point d'en deffaire trois pirogues qui se presentoient, les Sauvages que peu de choses épouvante se retirerent & ne revinrent plus, ce qui augmenta la misere de la colonie, & faisoit dire aux habitans que les Sauvages vouloient laisser mourir une partie pour avoir meilleur marché de l'autre; ils concluoient qu'il falloit s'en saisir, de leurs femmes & de leurs enfans, de les tuer tous & se saisir de leurs biens.

Le seiziême Septembre il parut un Navire qui donna bien de la joye aux habitans, mais qu'elle fut changée en tristesse, lorsqu'ils sçeurent que ce n'étoit point de vivres dont il étoit chargé, mais de cent hommes, qui n'en avoit que pour trois mois, si bien que ce secours si ardemment attendu ne servit qu'à les rendre plus miserables.

Monsieur de l'Olive voyant son

peuple dans une si étrange affliction resolut de faire la guerre aux Sauvages, mais trouvant Mr. Duplessis d'un sentiment contraire, il s'embarqua pour aller sonder Monsieur Desnambuc à saint Christophe, & tâcher de lui faire agréer qu'on déclarât la guerre aux Sauvages, ce que bien loing d'aprouver, il tâcha de l'en détourner & lui fit promettre de s'en desister.

Durant son absence Mr. Duplessis penetré de voir les choses en si mauvais train, en conçût tant de chagrin qu'il en mourut le quatre Décembre 1635.

Monsieur de l'Olive averti de la mort de son compagnon, retourna promptement dans l'Isle, s'empara de tout le peuple, & étant maître absolut il fit resoudre la guerre contre les Sauvages, malgré toutes les remonstrances des bons Réligieux, qui étoient continuellement attachez à la consolation & au soulagement des habitans ; il partit donc sous pretexte de chercher une place plus saine, & fut vers les habitations des Sauvages, qui étoient où est à present situé le Fort Royal : les Sauvages s'étoient prudemment disposez à la fuite & avoient mis le feu à leurs cases, amassé & emporté tous leurs vivres, ensorte qu'il ne restoit qu'un bon vieillard nommé le Capitaine Yance, âgé de plus de six vingt ans, avec trois de ses fils & deux autres jeunes Sauvages, il étoit sur le point de s'embarquer, & comme il vit venir les François à lui, il leur cria, France non point fache, ne se pouvans mieux expliquer ; on lui protesta qu'on ne lui vouloit faire aucun tort, qu'il n'avoit qu'à venir en asseurances avec ses enfans, ce qu'il fit aussi-tôt.

Quand on se fut saisi de sa personne Monsieur de l'Olive changea de ton, & l'appellant traître, lui dit qu'il étoit bien instruit de la conjuration

ration qu'il avoit fait avec ses compatriottes pour venir tuer les François, mais voyant que ce vieux Sauvage le nioit opiniatrement, il tira une montre de sa poche & lui dit, tien voila le Maboya de France, c'est-à-dire le diable qui me l'a asseuré, ce Sauvage tout surpris des mouvemens de cette montre, crut qu'il lui disoit vrai, il commença aussi-tôt à injurier ce diable suposé, faisant serment que n'y lui n'y les Sauvages n'avoient jamais pensé à faire du mal aux François.

Monsieur de l'Olive lui commenda d'envoyer un de ses enfans pour arrester les femmes qui n'étoient qu'à cent pas de l'a, ce bon vieillard donna cét ordre, mais le jeune homme au lieu de retourner donna l'épouvente & leurs fit avancer chemin vers l'endroit qui est presentement le Fort sainte Marie; ce qui irrita tellement Mr. de l'Olive, qu'il fit embarquer dans sa Chaloupe le vieillard & un de ses fils qu'il fit poignarder en sa presence ; cela fait ils vinrent au pere saisi d'une si horrible cruauté, & aprés lui avoir donné cinq ou six coups de couteau au travers du corps, ils le jetterent tout lié à la mer, la tête en bas ; mais comme ce bon-homme d'une nature trés robuste, faisoit encore quelques efforts pour se sauver, il se délia une main & n'ageoit vers la Chaloupe, implorant la misericorde de ces inhumains avec des cris capable d'amollir des cœurs de tygre, par une cruauté inoüie au lieu de le secourir, ils l'assommerent à coups d'aviron : ils lierent les deux autres & leurs commanderent de les conduire où étoient les femmes, un deux jugeant bien qu'il ne seroit pas traité plus favorablement que les autres, se precipita d'un rocher dans des ronces sans se casser aucun membre, quoique tout déchiré il ne laissa pas de se rendre le même jour à cinq lieues où étoient les Sauvages avec les femmes, & les avertit de ce qui s'étoit passé ; il rencontra un garçon François à qui bien loing de faire le même traitement, le naturel des Sauvages est si doux & si débonnaire, que sans lui témoigner aucun ressentiment il se contenta de lui dire en son baragouin, ô Jaques France mouche fache l'y matté karaibes, c'est-à-dire, Jaque les François sont extrêmement fâchez, ils ont tué les Sauvages.

L'Olive & ces gens dans l'esperance de rencontrer les Sauvagesses coururent jusqu'à la nuit, où accablez du sommeil ils furent contraints de se coucher sur le bord d'une riviere, ayant fait coucher au milieu d'eux le Sauvage qui leur servoit de guide ; ils s'y endormirent si profondement que ce malheureux eut le tems de se délier & se sauver à travers des bois, à leur réveil ne le trouvant plus ils furent obligez de s'en retourner ſans conducteur, aprés avoir viſité les habitations des Sauvages.

Les Sauvages avertis s'aviſerent d'une ruſe, car voyant qu'ils avoient beaucoup de manioc mur dans leurs jardins du petit carbet, ils le couperent à raſes de terre, enſorte que nos François enrageoient de faim ſur les vivres qu'ils fouloient aux pieds ſans les connoître ; nos gens étant retournez s'emparerent des habitations des Sauvages, déchargerent tout ce qu'ils avoient, & laiſſerent des gens pour les garder en attendant qu'on y amenâts tous les autres ; ils revinrent au Fort S. Pierre les mains teintes du ſang de ces innocentes victimes, & les remonſtrances du P. Raimond, Superieur des Miſſionnaires, ne fit aucun effet ſur l'eſprit du Gouverneur : les Sauvages reſolerent de faire une guerre ouverte à nos habitans, & venger par le venin de leurs fléches les outrages qu'ils en avoient reçûs ; ils quitterent l'isle de la Guadalouppe, & se retirerent dans celle de la Dominique, qui en est éloiglé de sept lieues, ils laisserent neanmoins quelqu'uns d'entr'eux les plus adroits pour épier les actions des François & reconnoître leur foible.

Ils firent plusieurs courses sur eux dans lesquelles ils tuerent soixante à quatre-vingts François à diverses occasions, firent quelques prisonniers, les attaquant souvent au depourveu & à leur avantage; ils y manquerent une fois bien lourdement, car un mois aprés la guerre déclarée ils découvrirent que Mr. de l'Olive faisoit travailler quelques hommes dans un desert assez éloigné de son Fort; ils armerent aussitôt deux cens hommes, & vinrent dans le dessein de les surprendre, nos François les ayant apperçeu eurent le tems de se disposer à les recevoir & à leur dresser des embuscades. Monsieur de l'Olive fut audevant d'eux accompagné seulement de dix ou douze hommes mais bien armez, les Sauvages mirent pied à terre & ne se défiant nullement de l'embuscade, ils eurent bien-tôt sur eux les François, sur lesquels ils firent pleuvoir une gresle de fléches pendant un demi quart-d'heure sans en blesser aucun, ils furent à la fin contraint de se retirer & se separans en deux bandes, ils s'embarquerent aprés avoir amassé leurs morts & leurs blessez, pendant que l'autre soutenoit le choc & se battoit avec beaucoup de generosité; ils perdirent bien vingt-cinq hommes dans cette occasion & deux pirogues.

Sur la fin d'Octobre 1636. les Sauvages ayant remarqué que vingt cinq à trente François faisoient une habitation à la capesterre, firent un corps de sept à huit cens hommes de toutes les Isles qu'ils habitoient, & vinrent à la Guadalouppe croyant surprendre nos François, mais comme c'étoit un jour de feste nos François étoient dispersez les uns à la pêche & les autres à la promenade, ils apperçeurent les Sauvages de loing, alors chacun courut vers un petit Fort de pallisades qu'ils avoient fait, mais les Caraibes courant plus vîte qu'eux en blesserent six ou sept à coups de flêches & en tuérent quatre, le reste se deffendit fort courageusement & mit à mort plusieurs Sauvages; ces Sauvages se retirerent avec perte de quinze à vingt hommes & plusieurs blessez.

Cette guerre avoit jetté dans le cœur de nos habitans une telle terreur pannique que tout leur faisoit peur, desorte qu'un arbre flottant sur la mer étoit pris pour une pirogue; la famine y étoit si grande qu'il y en avoit qui broutoit l'herbe, enfin ils étoient accablez de toutes sortes de maux; peu de tems aprés Mr. de l'Olive fut travaillé à d'étranges convulsions, & perdit la veuë avec le Gouvernement de la Guadaloupe, dont il fut contraint de se retirer, le Seigneur lui fermant les yeux du corps lui ouvrit ceux de l'ame; il se mit dans la devotion & fit une fin assez heureuse : les habitans dans toutes ces extremitez recoururent à Monsieur le Général de Poincy qui en fut touché, & leurs envoya deux cens cinquante hommes sous la conduite de Monsieur de la Vernade Gentil-homme fort consideré, qui eut plusieurs fois affaire avec les Sauvages, & remporta sur eux plusieurs avantages.

Alors Monsieur Aubert Capitaine de l'Isle de saint Christophe, étant à Paris fut pourveu du Gouvernement de la Guadaloupe par les Seigneurs de la Compagnie, ce Capitaine leur rendit à son arrivée & aux habitans de signalez services, car passant par l'Isle de la Dominique il se comporta avec tant d'adresse & de prudence, qu'il fit venir les

les Sauvages à ſon bord, auſquels il fit entendre qu'il venoit pour gouverner à la Guadalouppe ; qu'il vouloit être leur compere & leur ami, qu'il vouloit même les deffendre contre ceux qui leurs faiſoient la guerre ; à force de careſſe & de preſens il leur fit promettre de retourner à la Guadalouppe, & fit une paix autant ſolides qu'elle pouvoit ſe faire avec des Sauvages.

A ſon arrivée qui fut en Septembre 1640. il publia cette paix que la plûpart des habitans receurent avec une joye parfaite, mais ceux qui avoient conſeillé la guerre & d'autres de même mauvais caractere dirent tout haut qu'ils ne les recevroient qu'à coups de mouſquet, mais Dieu permit que la plûpart de ces eſprits opiniâtres perirent peu de tems aprés fort malheureuſement ; Mr. Aubert ayant fait monter une Barque qu'il avoit aportée de France, ſe mit dedans lui vingtiême pour aller à ſaint

Christophe, & fut pris d'un tel coup de vent qu'elle coula à fond & entrena cette caballe au fond de la mer le troisiême Février 1641. Mr. Aubert se sauva avec peu de gens sur des planches & des avirons, ce qu'il y eut de plus extraordinaire dans cét accident, c'est que l'on remarqua que ceux qui furent garantis du naufrage ne sçavoient aucunement nager, & presque tous ceux qui se noyerent n'ageoient comme des poissons, ce qui fit bien connoître la justice Divine, puisque la plûpart de ceux qui avoient si cruellement traité les Sauvages, perirent dans cette occasion.

Cependant Mr. Aubert deffendit aux habitans de paroître sur le rivage avec des armes, & n'oublia rien pour ôter tout sujet de deffiance aux Sauvages qui tinrent leurs paroles & vinrent aborder à la grande ance de l'Isle, où ils demanderent le logis du Gouverneur, quand ils furent devant le logis ils ne purent s'empecher de marquer beaucoup de confiance.

Aprés qu'ils eurent long-tems consideré toutes les avenues, épié tous les gestes de nos François, & s'être enquis si on étoit plus faché contre eux, ils députerent deux dés leurs les plus dispos avec de trés beaux Ananas, fruit dont j'ay fait la description, ayant pris la précaution de laisser toûjours leur pirogues à flots en état de se sauver en cas qu'on fit du tort à leurs députez.

Monsieur Aubert de son côté donna ordre qu'on cachâts toutes les armes, il fut audevant d'eux sans épée, les carressa & les conduisit dans sa case, où ils furent dans de perpetuelles inquietudes, jusqu'à ce qu'ils eussent beu un ou deux coups d'eau de vie, ce qui les ayant remis ils furent inviterent leurs compagnons à décendre pour participer au bon traitement qu'on leurs faisoit, ils firent enforte qu'il en demeuroit toûjours la moitié dans la pirogne en état de pouvoir faire retraite en cas d'allarmes ; enfin aprés beaucoup d'entretien, tel qu'on peut l'avoir avec des gens qui parlent plûtôt par signe que par paroles, & qui n'ont guere plus de raison que des bestes; l'on se promit de part & d'autre de ne se faire aucun tort & de se traiter par la suite comme amis, aprés quoi ils s'en retournerent pleins de presens & d'eau-de-vie, & l'esprit trés satisfait.

Ce bon acceuil fait aux premiers attira bien-tôt les autres Sauvages, qui ont cela de particulier, que pour du vin & de l'eau-de-vie, ils feroient cent lieues avec plaisir ; outre qu'ils manquoient de plusieurs affaires de l'Europe, comme haches, serpes, couteaux & autres choses semblables. Ils recommencerent donc leurs anciennes visites, dont nos François retirerent bien du profit, les Sauvages leurs apportans continuellement des tortues, des cochons, des lezards, des poiſſons, boucannes, des fruits du pays, de beaux carets, des lits de coton qu'ils donnoient pour des bagatelles : le bruit de cette paix ſe répandit dans toutes les Isles voiſines & même juſqu'en France, de ſorte qu'il y venoit de toutes parts pluſieurs perſonnes qui s'établiſſoient dans l'Iſle, qui ſe peuploit, ſembeliſſoit, & devenoit meilleure de jour en jour ; les habitans pour lors commencerent à travailler en toute ſeureté, faiſant grande quantité de tabac qui paſſoit pour trés excellent ; les Vaiſſeaux qui ne ſont attirez que par les marchandiſes & le bon gouvernement, commençoient à la frequenter, & même pluſieurs Capitaines de Vaiſſeaux voyant la bonté & la beauté de l'Iſle, y faiſoient des habitations où ils amenoient quantité de monde.

Le Pere la Marc Superieur dans la

Guadalouppe des Réligieux Missionaires, voyant la grande familiarité des Sauvages avec nos François, resolut d'envoyer quelques Réligieux & d'y aller lui même pour leurs prêcher la foi ; aprés plusieurs difficultées du Gouverneur qui apprehendoit qu'il n'en arrivâts quelques accidens qui fit renouveller la guerre, fit partir secretement deux Peres à qui il donna ordre d'examiner exactement ce que l'on pourroit faire parmi les Sauvages, & de qu'elle façon il faudroit se comporter avec eux, avec ordre précis de lui venir rendre compte de toutes choses.

A la vüe de ces deux Réligieux dans l'Isle de la Dominique, le diable sembla joüer de son reste pour les faire massacrer où au moins les chasser ; il insinua aux Sauvages & leur donna faussement à entendre que les François n'avoient autre dessein que de leur faire le même traitement qu'on leurs avoit fait dans le reste des Isles, dans lesquelles ces nations étrangeres s'étoient toûjours insinuées par de petits commencemens, puis aprés être fortifiées elles les avoient dépoullez de leurs biens, chassé de l'heritage de leurs ancêtres & cruellement massacré : le Capitaine Baron, c'est le nom du Sauvage qui avoit amené ces bons Peres, entendant le murmure de ses compatriottes leurs en donna avis, en les asseurant qu'ils les protegeroit autant qu'il lui seroit possible, quoi qu'il sembla quasi convainçu des raisons apparentes des autres Sauvages. Mais ces Réligieux l'ayant enfin désabusé, il convoqua tous les autres Sauvages à un vin général, qui est une débauche de laquelle nous parlerons en son lieu, la plûpart étant assemblez il prit la parole en faveur des Réligieux dont-il tiroit plusieurs presens, & afin d'haranguer avec plus d'autorité & se rendre le peuple plus attentif, il prit une juppe d'une Dame Angloise qu'il avoit gagné à la guerre & s'en vêtit, ensorte que ce qui devoit étre attaché sur les reins étoit lié autour de son col, en cette posture il monta sur une petite éminence de terre & criant à pleine tête harangua avec tant de prolixité que la plûpart de son auditoire s'en alla murmurant, mais ceux qui aimoient le plus la paix gouterent ses raisons & dirent au Peres qu'ils se réjoüissoient extrêmement de leurs venus.

Le demon ayant manqué son coup se servit d'une autre invention d'autant plus dangereuse qu'elle étoit dans une mauvaise tête, c'est-à-dire dans la tête d'une femme, & une de celles du Capitaine Baron, qui entreprit de tuer nos Réligieux, mais comme elle se mettoit en devoir d'executer son dessein, un de ses propres enfans qui avoit conçu une bonne volonté pour un des Réligieux, voyant sa mere poussée d'un si mauvais genie, prit une selle à trois pieds

& lui en frota ſi bien la tête & le corps qu'il la guérit d'une ſi mauvaiſe maladie : pendant trois mois que ces Peres demeurerent dans l'Iſle ils tâcherent de ſe perfectionner dans la langue des Sauvages, ils en aſſembloient tous les jours le plus grand nombre qu'ils pouvoient, leurs apprenant l'Oraiſon Dominicale, le Symbole des Apôtres & leurs prêchoit qu'il y avoit un Createur de tout ce grand univers, & qu'àprés cette vie il falloit en attendre une autre, dans laquelle ce même Dieu puniroit les mêchans par les flammes & par les tourmens éternels & recompenſeroit les bons par des biens infinis, plus grands que tous ceux que nous pouvons conçevoir.

Tous entendoient ſes Catechiſmes avec beaucoup d'attention, & entroient dans de profonds étonnemens, leurs demendant ſouvent ſi ce qu'ils leurs diſoient étoit vrai & s'ils ne mentoient pas, même quelqu'uns d'entr'eux frémissoient au seul recit des tourmens & des peines de l'enfer, enfin ces bons Peres les entretenoient souvent & fort adroitement glissoient toutes les choses necessaires au salut, cependant ils furent contraints de s'en revenir à la Guadalouppe & d'atendre un tems plus favorable pour s'établir à la Dominique.

Pour revenir à la Guadalouppe, cette Isle a bien environ quarante cinq ou cinquante lieues de circonferance, sur huit ou à peu prés de diamettre, & est située à seize degrez de la ligne équinoctialle tirant vers le Nord; elle est ornée de quantité de rivieres, d'étangs & de toutes sortes de mines : aprés une infinité de traverses nôtre colonie s'est tellement fortifiée qu'elle est trés considerable, & je suis d'autant plus porté à lui donner le prix sur la Martinique, que dans toute la Guadaloupe vous pouvez aller & venir sans crainte de ſerpens, dont la Martinique eſt remplie ; l'air auſſi y paroît meilleur, & il y tombe moins de perſonnes malades ; c'eſt preſentement Monſieur Auger qui en eſt le Gouverneur, comme j'ay dit ci-devant, & qui ne contribuë pas peu par ces bonnes manieres à rendre ce ſéjour des plus agreables.

DES SAUVAGES ET DE LEURS MŒURS.

LA Honne Torride est sans exageration le plus pur & le plus sain de tous les airs. La force, la taille & la vigueur des Sauvages qui y habitent en sont une preuve bien asseurée, puisqu'il n'y a point d'hommes sur la terre qui vivent plus contents & plus heureux, & qui soient moins vicieux, moins contrefaits, moins tourmentez de maladies de toutes les nations du monde & plus sociables ; ils sont tels que la nature les a produit, c'est-à-dire, dans une grande simplicité & naïveté naturelle ; ils sont tous égaux sans aucune sorte de superiorité n'y de servitude, & à peine reconnoît-on quelque sorte de respect, même entre les parens, comme du fils au pere, nul n'est plus riche n'y plus pauvre que son compagnon, & tous bornent leurs desirs à ce qui leur est utile & précisement necessaire, méprisant tout le superflu comme indigne d'être possedé.

Ils n'ont aucun autre vestement, comme j'ay déja dit, que celui dont la nature les a couvert ; on ne remarque aucune police parmi eux, ils vivent tous à leur liberté, boivent & mangent quand ils ont soif ou faim, travaillent & se reposent quand ils leurs plaist, & n'ont aucun souci, je ne dis pas du lendemain, mais du déjeuner au dîner, ne pêchant ou ne chassant que ce qui leurs est précisement necessaire pour le repas present, sans se soucier du suivant, aimant mieux se passer de peu que d'acheter le plaisir d'une bonne chere avec beaucoup de travail.

Au reste ils ne sont n'y velus n'y contrefaits, au contraire ils sont d'une belle taille, d'un corsage bien proportionné; gras, puissants, forts, robustes, si dispos & si sains, qu'il est parmi eux des vieillards de cent & six vingts ans sans étre courbez, & qui à peine ont le poil de la teste meslé & le frond marqué d'une seule ride.

Que si plusieurs ont le front plat & le nez camus, cela ne provient pas d'un deffaut de nature, mais de l'artifice de leur mere, qui mettent la main sur le front de leurs enfans pour l'applatir & l'élargir tout ensemble, croïant les rendre plus beaux.

On y voit trés rarement des boiteux & bossus; il s'y rencontre peu de frisez, mais pas un seul qui soit blond ou roux, ils haïssent extrêmement ces deux sortes de poils; ils ne sont differents de nous que par la couleur du cuir qu'ils ont de couleur d'olive, le blanc de leurs yeux en tient méme un peu.

Ils ont le raisonnement bon & l'esprit aussi subtil que le peuvent avoir des personnes qui n'ont aucune teinture de lettres, n'y polis & subtilisez par les sçiences humaines, au reste trés peu vicieux & ne sçavent guere de malice que ce que nos François leur en apprenne.

Ils sont tous d'un temperemment trés melancolique & rêveur, & passent une demie journée entiere sur la pointe d'un rocher où sur la rive, les yeux attachez sur la terre où sur la mer sans proferer une seule parole.

Ils ne se promenent jamais & rient à pleine tête lorsqu'ils nous voyent aller & venir plusieurs fois sans avancer chemin, ce qu'ils trouvent une des plus hautes folies qu'ils ayent remarqué en nous.

Ils se piquent d'honneur mais ce n'est qu'à nôtre imitation, & que depuis qu'ils ont remarqué que nous avons des personnes parmi nous ausquels nous portons beaucoup de respect, ils sont bien aise d'en avoir quelqu'un pour compere, c'est-à-dire pour amis, desquels ils prennent en même tems le nom pour se rendre plus recommendable, leurs font porter le leur & tachent de les imiter en quelque chose.

Un jour un des anciens de la Dominique nommé Amisson, ayant remarqué que Monsieur le Gouverneur de la Martinique avoit un grand mouchoir à la matelotte autour du col, il voulut imiter son compere; il vint à la Guadalouppe avec une leze d'une vieille toille de voile de Chalouppe, dont-il se fit deux ou trois tours autour du col, laissant pendre le reste devant soi, apprêtant à rire à tout le monde, & répondant d'un ton grave & sérieux que c'étoit comme son compere Duparquet; à parler juste je ne trouve point

point quelque envie qu'ils ayent d'être honorez, qu'ils ayent de point d'honneur qu'ils ne ſacrifient pour un petit couteau, un grain de criſtal ou un verre d'eau-de-vie, qu'ils appellent brûle ventre.

Leur naturel eſt fort benin, doux & affable, compatiſſant juſqu'aux larmes aux maux de nos François, & ne ſont cruels qu'a leurs ennemis jurez.

Les Sauvages debitent pluſieurs rêveries ſur leur origine qu'il me paroît inutile de remarquer, & il eſt vrai-ſemblable que ceux de la Dominique ſont un reſte des échapez des maſacres qu'ont fait les Eſpagnols dans les Iſles de Cube, de Portic, & autres Iſles où en ils ont fait mourir un nombre inconcevable pour s'emparer avec plus de ſeureté de leurs terres.

De la Réligion des Sauvages.

JE ne peut m'arrêter ſur le ſentiment des memoires que j'ay eu touchant la Réligion des Sauvages, & l'on debite à ce sujet des choses si extraordinaires, dont je n'ay fait aucune remarque lorsque j'ay été dans leurs pays, que je juge à propos de les passer sous silence : j'ay reconnu pour moi qu'ils n'en ont point pour la plûpart ; il y en a, comme j'ay déja dit ci-devant, qui adorent des animaux : d'autres par une crainte servile rendent quelques devoirs au diable, & lui offrent tous les premices, tant des fruits qu'ils ceüillent de la terre que de leurs plus notables actions ; s'ils font un festin le Matoutou est incontinant prest ; c'est une petite table faite de Joncs ou de Latanier, large d'un pied ou pied & demi en quarré, & haute de huit à dix pouces, sur laquelle comme sur une autel, ils offrent à Maboya, c'est-à-dire au diable, deux ou trois des plus belles cassaures qu'ils ayent & du meilleur ovicou, dans des callebasses toutes neuves :

ce beau sacrifice passe toute la nuit au milieu de la case, & quoique le lendemain ils le trouvent de même, ils se persuadent que Maboya s'en est repeu & que s'en sont d'autres qu'il a aporté à la place, & tiennent cela pour une grace specialle ; tous mangent de ces cassaures & boivent de ce ovicou avec respect, & avant que de prendre aucun aliment.

Ils ont parmi eux certains charlatans ou plûtôt sorciers & sorcieres, par le moyen desquels ils consultent ces demons sur lévénement de leurs guerres & de leurs maladies, & reçoivent comme des oracles divins ce que leurs disent ces Boyez, qui se consacrent à ce detestable ministeres dés leurs jeunesses, par des jeûnes & des effusions de sang de toutes les parties de leurs corps, dont-ils se coupent la peau avec des dents d'agouty.

Quand il arrive une éclipse de lune, ils s'imaginent que Maboya la mange, pour lors tous danſent, jeunes & vieux, hommes, femmes & enfans, s'autant les pieds joints, une main ſur la tête & l'autre ſur la feſſe ſans chanter, mais de tems en tems ils font des cris effroyables; il faut que ceux qui ont une fois commencé continuent juſqu'au point du jour ſans oſer quitter, cependant une fille tient une callebaſſe dedans laquelle il y a quelques petits caillous, & tache d'accorder ſa voix avec ce tintamarre; cette danſe eſt differente de celles qu'ils font quand ils s'enyvrent, l'une procedant de ſuperſtition & l'autre de joye.

La plûpart croyent à l'immortalité de l'ame, mais ils tiennent que chaque perſonne en a trois, une au cœur, qui ſe fait connoître par ſon battement qu'ils croyent aller droit au Ciel pour être bien-heureuſe; celles de la tête & du bras, qui ſe manifeſtent par le battement des pouces & des artéres deviennent

Maboyas, c'eſt-à-dire eſprits malins, auſquels ils attribuent tout ce qu'ils leurs arrivent de funeſte.

De la Naiſſance, Education & Mariages des Enfans des Sauvages.

J'AY parlé déja dans l'article des Sauvages de l'uſage extraordinaire dont ſe ſervent les femmes des Sauvages aprés leurs accouchemens, ainſi je trouve inutile de le repeter ici, je dirai ſeulement qu'elles enfantent avec peu de douleur, & ſi quelqu'une ſe trouve dans de fâcheux travaux, elles ſçavent ſe ſoulager par la racine d'une ſimple qui a pour cét effet une admirable vertu, & tant s'enfaut qu'elles faſſent les ſimagrées des femmes de l'Europe, que l'enfant n'eſt pas plûtôt au monde, qu'aprés l'avoir lavé & mis dans ſon petit lit de coton, elles travaillent dans leurs caſes comme ſi rien ne leur étoit arrivé & que ce mal eut passé jusqu'à leurs maris, comme j'ay déja expliqué, qui se plaignent & jettent de hauts cris de même que si on leur avoit arraché du ventre l'enfant par pieces & par morceaux : si-tôt que les enfans ont atteint l'âge de trois ou quatre mois ils marchent à quatre pates comme de petits chiens, se vautrant dans la poussiere & se roulant incessamment sur la terre ; quand la force leur permet ils se levent tout de bout, mais il font pour lors autant de chûtes que de démarches, & ce qui est d'extraordinaire c'est qu'ils tombent toûjours sur les mains ou sur le derriere. Leurs meres sont toûjours en allarmes pour tout ce qui peut leurs arriver de funeste : elles les quittent trés rarement, dans leurs voyages même de terre & de mer ; elles les portes sur leurs bras avec en petit lit de coton qu'elles ont en écharpe lié par dessus l'épaule, afin de les avoir toûjours devant les yeux.

Quand ils sont un peu plus âgez les garçons suivent le pere & mangent avec lui, les filles avec la mere, les uns & les autres sont élevez par leur pere & mere, plûtôt en brutes qu'en hommes raisonnables, ne leurs aprenant n'y civilitez n'y honneurs; ne sçachant ce que c'est que de remercier, de dire bon jour, bon soir, n'ont aucune honte de leurs nuditez, font toutes leurs necessitez naturelles sans aucune circonspection, les peres & meres ne leurs aprennent rien sinon à tirer de l'arc, à pêcher, à nager, à faire de petits panniers & à faire de petits lits de coton.

Mariages des Sauvages.

LES jeunes gens ne sçavent ce que c'est que faire l'amour, avant que de se marier quand ils veulent épouser une fille qui ne leur est pas acquise de droit, comme les cousines germaines qui décendent de lignes feminine, ils la demandent au pere & se marient rarement contre leur gré, ils n'ont aucun degré de consanguinité défendu parmi eux; il s'est même trouvé des peres qui ont épousé leur fille desqu'elles ils ont eu des enfans, & des meres qui se sont mariées avec leurs propre fils, quoique cela soit une chose trés rare; l'on voit cependant souvent à un même homme les deux sœurs & quelquefois la mere & la fille.

Ils ont presque toûjours plusieurs femmes, quelquefois jusqu'à six ou sept.

Un Sauvage qui a plusieurs femmes leur bâtit à chacune une case, & demeure un mois qu'il conte par lune avec une, & un autre mois avec une autre, sans qu'il y paroisse aucune jalousie entre elles.

La femme qu'il entretient pendant ce mois est obligée de lui aprêter toutes

toutes ſes neceſſitez, elle lui accomode ſa caſſave, le ſert comme ſon maître, le rougit, le peigne tous les jours, & l'accompagne inſéparablement dans tous ſes voyages.

Ils quittent leurs femmes quand bon leur ſemble, quoique les femmes ne puiſſent faire le méme ſans le conſentement de leurs maris.

Les Sauvages paſſent la plûpart du tems dans une trés grande oiſiveté, ſi-tôt qu'ils ſont levez ils courent à la riviere pour ſe laver tout le corps, & aprés il font du feu dans leur carbet pour ſe chauffer, & puis déjeunent, enſuite dequoi les uns vont à la péche, les autres vont travailler dans leurs habitations, dans le bois, où ils s'ocupent à faire des panniers, des lignes pour pécher en haute mer, des ceintures de coton, des arcs, des fléches, des panniers, des canots & des pirogues; mais en tous ſes ouvrages ils n'y employent que une heure le jour, & conſomment le reste du tems à se faire peigner, peindre par leurs femmes ou à réver. Pour les femmes elles sont comme des esclaves, sans passer un moment sans travailler à peigner, huiler leurs maris, à labourer la terre, à préparer les vivres, à traiter les malades, pencer les blessez, en un mot ce seroit une infamie à un homme de travailler à ce que leurs femmes ont coutume de faire.

Ils n'ont extr'eux aucune sorte de commerce & s'entredonnent toutes les choses dont ils peuvent se passer sans beaucoup s'incommoder : ils voudroient bien faire la méme chose avec nos François, qui ne sont pas d'humeur à donner quelque chose pour rien, & comme j'ay déja dit ci-devant ; ce n'est que depuis qu'ils frequentent nos François qu'ils commencent à s'atacher plus serieusement au travail, troquants des lits de coton, des tortues, des lézards, du poisson, des perroquets, des fruits du pays, des arcs, des fléches, des petitts panniers & du caret, ce que dans la France on apelle écaille tortüe, ce qu'ils peuvent gagner sur leurs ennemis, & quelques petites pierres vertes, & nous leurs donnons des haches, des serpes, couteaux, éguilles, épingles, ameçons, toilles pour faire des voiles à leurs pirogues, du cristal, des petits miroirs & autres bagatelles de peu de prix.

De leurs réjoüissances.

LES Sauvages font certaines assemblées qu'ils nomment ovicou, & depuis la frequentation des François vin, qui sont des réjoüissances communes où les hommes, les femmes & les enfans s'enyvrent comme des bestes, avec du ovicou dont-ils boivent excessivement sans rien manger; c'est dans les débauches qu'ils se souviennent des injures passées qu'ils resoudent la guerre,

& ils se donnent ce divertissement quand ils ont dessein de faire la guerre, aprés l'accouchement de leurs femmes, quand on coupe la premiere fois les cheveux à leurs enfans, & en plusieurs autres occasions où ils crient à pleine tête & dansent à leur mode; ils ne tiennent pas l'yvrognerie pour un deffaut, & les femmes font la débauche comme les hommes.

Ils ont un festin plus honneste, car s'il arrive que quelqu'un ait pris une tortüe ou aye fait bonne pêche, pour lors il prend quelqu'un de ses voisins dont il l'en regale le mieux qui lui est possible. Ces vins ou assemblées communes sont trés frequentes, & il se passe peu de semaines qu'il ne s'en fasse quelqu'une à la Dominique.

De leurs vivres.

A LEGARD de leurs vivres ils mangent trés mal proprement

& ne s'embaraſſent pas de voir dans leurs couis, qui eſt la moitié d'une callebaſſe qui leur ſert de plat, des chenilles & mille ordures. Ils ne vivent que de coquillages de mer, de crabes, de tortuë, & autres poiſſons de mer & de riviere; pour la viande ils n'en uſent gueres ſi ce n'eſt quelques oiſeaux qu'ils jettent avec leurs plumes ſur les charbons & les boucannent enſuite à la fumée: ils n'ont qu'une ſeule ſauce, qui eſt faite avec de l'eau de manioc, qui perd ſon venin quand elle a bouilly, avec force piment, des arreſtes de poiſſons & de la farine de manioc, qu'ils font bouillir; ils trempent leurs caſſaure avec un delice qui ne ſe peut exprimer; ils n'ont point pour la plûpart de repas reglé, & mangent quand il leur prend fantaiſie, les hommes à part dans le grand carbet, les femmes & les petits enfans dans leurs petites caſes; ils s'aſſoient tous comme des ſinges autour du couy & mangent avec les chiens & chats.

Il y a toûjours parmi eux un homme qui eſt pour recevoir les hôtes qu'ils regalent, le mieux qu'ils peuvent & aprés l'introducteur lui ameine tout le monde du carbet, qui le ſalue par un ſeul mot de Halcatibou, qui ſignifie ſoit le bien venu, aprés avoir fait boire & manger ce qui reſte de ſon repas à la compagnie, il dit adieu à tous en particulier & en general, ſi c'eſt un ancien ou un Sauvage conſiderable les femmes aprés le repas, le rocou & lui graiſſent la tête d'huile de palmier.

De leurs ornements.

LES femmes des Sauvages ne manquent preſque point de jour, principalement quand ils font voyage, de froter tout le corps de leurs maris de rocou qu'ils font diſſoudre avec de l'huile & les rougiſſent de cette maniere juſqu'à la plante des pieds, ils y ajoûtent de grandes mouſtaches noires & leurs bariollent le corps de rais noire, de ſorte qu'ils ſont autant laids & horribles qu'ils ſe croyent bien parez.

Ils ne portent point de barbe & ſe larrachent poil à poil, ſe raſant le peu qu'ils en ont avec une herbe qui coupe comme un raſoir. Ils portent les cheveux longs, en laiſſant pendre une partie ſur le front : ils ſont au bas de petites houppes de creſtal, des grains, des dez, du criſtal & mil autres bagatelles.

Ils ont tous les oreilles la levre d'en bas & l'entredeux des narines percez ils y paſſent de longue plumes de perroquet, de petites lames de cuivre comme l'ongle ; ils ſe paſſent des hameçons dans le trou des oreilles & des épingles dant ceux de la levre.

Leur plus précieux ornement eſt une lame de Caracoles, qui eſt un métail plus pur que l'airain & moins noble que l'argent, qui a la proprieté de n'estre point susceptible de verny n'y de roüille ; il n'y à guere que les Capitaines ou leurs enfans qui en portent pendus à leurs cols, enchassez dans du bois. Ils portent aussi des brasselets de rassave blanche au gros du bras proche l'épaule & aux jambes au lieu de jarretieres.

La coiffure des femmes est semblable à celle des hommes, elles se peignent de rocou, comme les hommes portent des colliers de diverses pierreries vertes, d'ambre, de crestail & de rassave, quelquefois du poid de plus de six livres.

Dans les grandes assemblées elles ont des ceintures de fil de coton & des chaînes de rassaves blanches, elles y mettent plusieurs petites sonnettes, affin de faire plus de bruit lors qu'elles dansent.

Des Carbets des Sauvages.

CHAQUE famille compoſe ſon hameau, le pere de famille à ſa caſe où il eſt avec ſes enfans qui ne ſont pas mariez & ſes femmes, les enfans mariez ont chacun leur caſe & ménage à part, autour de celle du pere de famille ; au milieu de toutes ces caſes, il y en a une grande commune de ſoixante ou quatre-vingts pieds de longueur, compoſée de fourches de dix-huit ou vingt, plantez en terre de douze en douze pieds, deſſus leſquels ils poſent pour faiſt un latanier ou un autre arbre fort droit, ſur lequel ils ajûtent des chevrons qui viennent juſqu'à terre, qu'ils couvrent de roſeaux ou de feuilles, de ſorte qu'il fait fort obſcur dans cette caſe commune qu'ils appellent Carbet. Pour de lits ils ne s'en ſervent point d'autres que de hamacs, qui ſont des pieces de coton en raisaux, plissez des deux cotez, en façon de branle dont usent nos Matelots qu'ils attachent à des arbres ou aux fourches de la case, par les cordes qui sont aux deux bouts. Ces lits sont fort commodes & fort sains, & nos François dans toutes les Isles aiment beaucoup s'en servir, il faut être seul pour y dormir à son aise.

Pour leurs bâtiments de la mer ils en ont de deux sortes, les plus grands s'appellent pirogues & en Sauvage CANOÜA, & les plus petits canots, & eux COULIALA, ce sont des arbres creusez avec des haches & du feu, les premiers ont pour l'ordinaire quarante à quarante cinq pieds de long, & les derniers ne passent jamais vingt pieds sur quatre de large; il y en a de si petits qu'ils ne peuvent porter qu'un homme, ils ne servent que pour pêcher.

De leurs Guerres & de leurs Armes.

IL y a parmi les Sauvages trois sortes de Capitaines à qui ils obeissent, ceux qui sont maîtres de quelques canots ou pirogues, ceux qui ont des habitations en propre, mais les plus considerables sont les Capitaines qu'ils élisent par suffrages & sont les plus estimez, parce qu'on ne choisit que ceux qui se sont rendus recommandables à la guerre par leurs actions, par leur courage, & pour avoir tué plusieurs de leurs ennemis; ils ne prennent jamais que des hommes âgez & consommez, & quand l'âge les rend incapables de suporter les courses penibles qu'ils sont obligez de faire dans leurs charges, ils s'en déportent d'eux-mêmes & n'en sont pas moins estimez : afin que les Capitaines soient plus considerez, souvent il n'y en a qu'un dans une Isle

& dans la Dominique même il ne sont que deux éloignez l'un de l'autre affin que la jalousie ne trouble pas la tranquillité, leurs puissances ne s'etend que dans les affaires qui concernent la guerre.

Comme ils ont de veilles guerres tant contre quelques nations de l'Europe que contre d'autres Sauvages de la terre ferme, ces Capitaines quand ils leurs plaît soulevent le peuple & lui font prendre les armes. Quand le Capitaine a pris le dessein de faire la guerre, il fait chez lui un vin qui est une assemblée, dont j'ay parlé, où aprés avoir bû jusqu'à crever, les femmes quoi que tout à fait soules se ressouviennent du dessein de l'assemblée, racontent les outrages qu'elles pretendent avoir reçû de leurs ennemis; l'une pleure son mari tué, l'autre dit qu'ils ont mangé son pere, la mere regrete son fils, la sœur le frere & enfin ils excitent la compasſion de toute l'aſſemblée, par les cris confus & les pleurs qu'ils jettent, & le Capitaine prend la parole, parle des maſſacres que leurs ennemis ont fait de leurs parens, de ſes actions, & détermine toute l'aſſemblée à prendre les armes, à préparer les vivres, & leurs aſſigne le jour du départ.

Ils s'arment d'un boutou qui eſt une maſſuë de bois de bréſil, ou de quelque bois qui peſe comme du plomb, quoique ce boutou ne ſoit pas trop en main, il n'y à point de bœuf qu'ils ne terraſſent d'un ſeul coup.

Ils ſont grande proviſion de fléches qu'ils empoiſonnent de lait de mancenille, qui eſt un venin ſi ſubtil, que quelques legeres que ſoient les bleſſures, elles ſont toûjours mortelles; leurs arcs ſont ſemblables aux nôtres, ils les font de bois de bréſil ou de palmiſte.

Ils portent auſſi quelquefois des

demie piques de bois de brésil, au-bout desquelles ils ajûtent un dard qu'ils lançent fort adroitement.

Lorsque tout est prêt, le Capitaine fait encore un vin, où aprés avoir déterminé le lieu où ils doivent aller, ils achevent de se souler de leur ovicou, & partent tous yvres; n'emmenant de femmes que ce qui leur en faut pour les servir.

Quand ils sont arrivez aux environs de la terre de leurs ennemis, ils se cachent de leurs mieux & envoyent quelqu'uns dés leurs pour reconnoître la contenance de leurs ennemis, s'ils s'aperçoivent qu'ils sont reconnus & que l'on se prépare à la deffence, pour lors la guerre est terminée & ils s'en reviennent avec précipitation, étant si lâches qu'ils n'iroient pas seurement à la guerre s'ils étoient persuadez qu'un d'eux y dû perir.

Si par malheur quelques miserables Sauvages ennemis décendent en mer pour pêcher dans un canot, ils les laissent passer & lorsqu'ils ne peuvent plus se sauver ils fondent tous sur eux poussants des cris effroyables, ils les lient & garottent & s'en retournent aussi plein de leurs infames prises, que s'ils avoient livré les plus rudes combats & remporté les victoires les plus signalez.

S'ils ne peuvent surprendre quelques canots de cette maniete, ils tâchent à découvrir par leurs espions quelques carbets éloignez, & vont les attaquer à leurs avantages, tâchant de les prendre lorsqu'ils sont endormis ; si les carbets sont composez de soixante hommes, ils leurs faut plus de quinze cens hommes pour oser les attaquer, & s'ils ne veulent pas se rendre ils attachent à des flêches un morceau de coton bien cardé, auquel ils mettent le feu, & tirent sur le couvert qui n'étant que de feuilles de latanniers, s'enflamme aisément & brûle le carbet avec les Sauvages, qui préfèrent cette mort plûtôt que de se rendre à la merci de ses autropophages s'ils se défendoient courageusement; à mesure que le soleil se hausse, le courage des assaillans diminuë, & leurs siéges ne durent que jusqu'à midi.

S'ils perdent de leurs hommes jamais ils ne les laissent, n'y de blessez, & risquent tout pour les enlever.

S'il est question de combattre en bataille rangée, ils se divisent en trois bandes, sans ordre, & par leurs cris tachent dépouventer leurs ennemis, s'ils n'en peuvent venir about de les vaincre par leurs flêches & par leurs cris, ils se sauvènt & font bon marché de leur vie.

S'ils remportent quelques victoires, ils pillent les cases, prennent hommes, femmes & enfans, mettent à mort les hommes & font esclaves les femmes, & ce qu'il y a d'horrible, c'est qu'ils mangent tous les

les enfans mâles qu'ils ont de ces ſemmes, & même ceux qui naiſſent des filles de ces femmes eſclaves.

S'ils trouvent quelqu'uns de leurs ennemis morts ils le mangent ſur le lieu, aprés l'avoir bien boucanné, c'eſt-à-dire, rôti bien ſec, & emmennent en triomphe leurs ennemis vivans en leurs pays, où aprés les avoir bien fait jeûner, ils les font paroître dans une aſſemblée qu'ils font exprés, où aprés leurs avoir dit milles injures & fait à tout moment ſemblant de les aſſommer avec leur boutou, ce que ces pauvres malheureux ſouffrent avec un viſage ſerain; le plus ancien leur donne du boutou ſur la tête, & les autres les achevent.

Quand ils ſont tuez ils les démembrent, & coupent leur chair avec des coûteaux, & les os avec des ſerpes, puis jettent tous ces membres ſur une machine qu'ils appellent boucan, ſous lequel il y a un grand brasier qu'ils ont fait voir au patient avant que de l'assommer.

Quand la viande est cuite les plus fameux font griller le cœur qu'ils mangent, les femmes mangent les cuisses & les jambes, les autres mangent de toutes les parties indifferemment, plûtôt par rage & par vengeance, que par appetit, car la plûpart deviennent malades aprés cét exécrable repas.

Aprés qu'ils ont mangé de cette chair ; dans l'assemblée chacun en prend & raporte chez soy pour en manger de tems en tems ; il y eut même une fois un Sauvage qui apporta à la Martinique une jambe toute seche & rôtie, dont il mangeoit de tems en tems, convians ceux qui le regardoient d'en faire autant, disant que s'ils avoient mangé de Lallouagere, c'est ainsi qu'ils appellent cette viande cuite, ils seroient trés courageux.

Pour leurs differents particuliers

ils les terminent à coups de boutous, & ont bien-tôt fini leurs querelles ; mais il faut que celui qui a tué gagne pays, à moins qu'il ne veule livrer autant de combats que le mort à de parens, ou qu'à force de presens ils ne les adoucissent, & si encore il doit être toûjours sur ses gardes ; car il arrive souvent qu'au premier vin ou assemblée il reçoit par trahison de quelqu'un d'eux un coup de boutou par la tête.

Des Maladies, Mort & Funerailles des Sauvages.

LES Sauvages sont sujets aux mêmes maladies dont nous sommes travaillez dans l'Europe, mais ce qui est de trés certain c'est qu'elles sont aussi rares parmi eux qu'elles sont communes parmi nous, dont bien les en prend, car quand quelqu'un est malade s'ils ont reconnu quelques remedes qui ait réüsi, ils s'en servent à toutes sortes de maladies, desorte que ne connoissant point les causes des maladies, non plus que la qualité des remedes, ils leurs peuvent nuire aussi-tôt que soulager.

Ils sont sujets a un horrible mal que l'on nomme dans les Indes Epian, qui est dans le plus haut dégré de malignité, la grosse verolle; ce n'est pas seulement par la luxure qu'ils la gagnent, mais par leurs mal propreté ordinaire, se vautrant dans milles ordures & immondices; & par les viandes dont ils se servent; au reste, l'on sçait de science certaine qu'ils l'ont communiqué aux soldats Espagnols qui retournerent du premier voyage de Christophe Colombe, que de ceux-là elle passa aux Napolitains & Italiens, & de ceux-là aux François, qui l'ont portée par toute la terre.

Si-tôt qu'ils sont morts les femmes ne manquent pas de laver &

nettoyer le corps avec beaucoup de ſoin , le peignent de rocou depuis les pieds juſqu'à la tête, leurs graiſſent les cheveux d'huile de palmiſte, le peignent, le coiffent & l'ajuſtent avec autant de propreté que s'il devoit paroître dans une aſſemblée généralle; puis elles l'envelopent dans un lit de coton tout neuf; ils font la foſſe dans la même caſe où il eſt mort, où lui en batiſſent une exprés, ils font cette foſſe ronde & profonde de trois ou quatre pieds, ils mettent le corps ſur ſon ſeant, les deux coudes ſur ſes deux genoux & la tête apuyée ſur ſes deux mains, puis toutes les femmes qui ſont debout autour de la foſſe ſoûpirent & chantent lugubrement & jettent des cris vers le Ciel ſi touchants, que l'on ne peut s'empêcher d'en être attendris ; pendant ce tems un homme d'entre eux bouche la foſſe avec un bout de planche & les femmes jettent de la terre deſſus de tems en tems ; aprés ces cérémonies qui durent une heure, les femmes brûlent toutes les hardes dudeffunt, qui consistent en certains petits panniers, coton filé & autre petites bagatelles : sur la fosse, si c'est un chef de famille qui est mort, les femmes & ses enfans se coupent les cheveux, & les portent courts comme les esclaves l'espace d'un an entier, & jeûnent au pain & à l'eau l'espace d'une lune entiere, non pas qu'ils croyent que cela profite à l'ame du trépassé, mais ils sont persuadez que s'ils ne jeûnoient pas les yeux s'en affoibliroient, de maniere qu'ils en perdroient la vüe, qu'ils deviendroient tremblans & tomberoient entre les mains de leurs ennemis : si le deffunt à quelques esclaves ses parens les tuent à moins qu'ils n'évitent la mort par leurs fuites, & on ne les poursuit point.

Les parens qui sont absents aux funerailles ne manquent pas de venir visiter le tombeau, & là par leurs soûpirs & leurs larmes, marquent le chagrin qu'ils ont de la perte de leurs parens : il y a des Sauvages qui observent d'autres cérémonies que j'ay décrites ci-devant, aux funerailles de leurs proches. Les R. P. Jesuites, comme j'ay dit ci-devant, ont toûjours un ou deux Réligieux dans l'Isle de la Dominequè, qui par leurs prédications & leurs exemples tachent à en convertir, & qui s'y comportent avec tant de zele, d'affection & de courage, qu'ils se rendent trés agréables à ces barbares : leur langue n'est pas difficile à apprendre, & il ne faut que sept ou huit mois pour l'aprendre ; il n'y en a pas de plus diserte, n'ayant point de mots pour exprimer ce qui ne tombe pas sur la grossiereté de nos sens corporels : ils ne sçavent ce que c'est que volonté, entendement & memoire, parceque ces puissances cachées ne se produisent au dehors que par leurs effets ; ils ne peuvent nommer aucune vertu parce qu'ils n'en pratiquent aucune ; ils n'ont aucune connoissance des lettres, quoique plusieurs parmi eux en seroient fort capables, ce qu'on peut voir par l'adresse qu'ils ont, soit dans la structure de leurs petits panniers, de leurs lits de coton, que dans toutes les autres ustancilles qui regardent où leurs ménages où leurs navigations.

Ils entendent parler avec beaucoup de satisfaction de la création du monde, de la mort d'un Dieu, de la sainteté de nos Sacremens, de la sublimité de nos Mysteres & de nôtre Réligion : ces bons Peres ont la satisfaction d'avoir baptisé plusieurs enfans & plusieurs vieillards avant leurs morts, car comme j'ay déja dit, quelques attentions que les jeunes prétent à la parole de Dieu, il est bien rare de les convertir veritablement ; mais il faut esperer qu'avec la grace de Dieu la fréquentation des

des Sauvages avec nos Chrêtiens, la douceur dont-ils uſent avec eux, la charité & le bon traitement qu'ils leurs témoignent, l'affable reception que nos ſaints Réligieux leurs font quand ils les viennent viſiter, & enfin l'ardeur incroyable & l'empreſſement qu'ils leurs marquent pour les tirer de leurs erreurs, pourront avec le tems adoucir leur humeur barbare, & les mettre dans le veritable chemin du ſalut.

DEPART DU FORT ROYAL POUR FRANCE.

Mercredy premier Avril 1699.

LE Commandant tira hier sur les quatre heures aprés midi un coup de canon, mit pavillon & déferla le petit hunier qui est le signal d'apareiller, nous desafourchâmes la nuit & mîmes à la voile le lendemain matin environ huit heures, le vent de la part de l'est bons frais, qui nous mena jusques sous le Cap enragé, que l'on nomme ainsi, parce qu'il est fort dangereux, nous y trouvâmes du calme pendant quelques tems ; à l'ouvest de la baye du fort saint Pierre nous trouvâmes les vents aſſez forts pour porter les huniers avec les ris pris, ſur les trois heures nous mouillâmes à la rade du Carbais, à une lieue & demie de celle du fort ſaint Pierre.

Vendredi quatriême Avril, nous apareillâmes de la rade du Carbais, & nous prîmes la route de la Guadalouppe, où nous mouillâmes le lundi ſixiême à neuf heures du matin.

Mercredi neuviême, nous appareillâmes de la Guadalouppe, la Rénommée, l'Aigle & nous, avec deux Navires Marchands, nous reſtâmes toute la nuit en panne, Monſieur de Pontac attendoit le paquet de Monſieur le Gouverneur, le Commandant mit flamme d'ordre pour nous donner rendez-vous en cas de ſéparation.

Samedi onziême Avril, nous débouquâmes entre Antigues & Monſarat, ſituez à ſeize dégrez cinquante minuttes de latitude nord, & trois cent quatorze dégrez quarante minuttes de longitude, Isles appartenantes aux Anglois ; c'est là dessus que le pilotte commença sa route, & qu'il regla son point.

Vendredi vingt-quatre Avril, depuis le jeudi à midi jusques au vendredi nous fimes plusieurs routes, & par le point du pilotte la Vermude nous restoit à midi à ouest quart sud-ouest éloignée de quarante six lieues, il trouva en avoir passé à trente-cinq ou trente-six lieues dans l'est.

Samedi deuxiême Mai, nous vîmes plusieurs Godes, oiseaux qui marquent que l'on n'est pas éloigné du grand banc ; il nous mourut ce jour-là deux hommes.

Le neuf Mai, nous essuyâmes un gros coup de vent, il étoit sud sud-ouest forcé d'un coup, il sauta au Nord nor-ouest, avec une si grande abondance de pluye, que nous eûmes toutes les peines du monde à carguer nos voiles & nous fûmes obligez de demeurer à ſec ; l'on appelle à ſec quand le Vaiſſeau ne peut porter de voiles. Pendant ce tems-là il y avoit un corps mort ſur nôtre pont & l'on diſoit quelques priéres avant de le jetter, le tems les interrompit, ſi bien que ſans aucune autre forme un Matelot le prit à braſſe corps & le fit ſauter par deſſus le plat bord.

Dimanche dix Mai, nous nous fimes à midi nord & ſud de la pointe la plus à l'oueſt de la Tereiere, qui eſt une des Iſles des Morts des plus à l'eſt.

Dimanche vingt-quatre Mai, à ſept heures & demie l'Amiral hiſſa pavillon pour nous faire connoître qu'il avoit trouvé la ſonde, cela nous obligea de carguer nos baſſes voiles & de mettre en travers pour ſonder, nous trouvâmes fond par cent braſſes ou environ, le plomb apporta des coquilles rompues & luiſantes, & d'autres morceaux de coquilles pourries , meslées avec de petites pierres plates, un peu de sable; l'on se fit à quarante trois lieues de belle Isle selon la hauteur du jour & la sonde.

Lundi vingt-cinq, sur les trois heures & demie nous vîmes terre, c'étoit les étroits de Peimar.

Jeudi vingt-huit Mai, nous mouillâmes dans la rade de Chef de baye, fond sable, par huit à neuf brasses. Nous arrivâmes en cette rade avec plus de bonheur que naturellement l'on doive s'attendre d'une campagne des Isles de l'Amerique, qui a été de plus de dix mois à compter depuis l'armement; je puis dire qu'elle a été aussi fatiguante pour nôtre équipage qu'on puisse se l'imaginer; nous ne fûmes pas plûtôt arrivez à la Martinique qu'il fallut travailler aprés avoir débarqué nôtre carguaison, à faire de l'eau & du bois, sans compter ce qu'il y a toûjours à faire dans un Vaisseau, aprés une si longue traverſée ; à peine eûmes-nous achevé, qu'il falut embarquer le bois des caſes des troupes de S. Chriſtophe, & les hardes d'une partie des habitans : ſi je faiſois un détail de tout le travail que cette campagne a donné à nos Matelots, on auroit pas de peine à juger de toutes leurs fatigues ; celle que je trouve la plus rude de ces pays, eſt la difficulté d'embarquer dans les Chalouppes l'eau & le bois, à cauſe de la lame qui eſt ordinairement furieuſe à terre ; de peur déchoüer une Chalouppe il faut que les Matelots ſe mettent à l'eau quelquefois juſqu'à la gorge, étans déja baignez de ſueur : toutes ces fatigues n'ont point empêché que nous ne ſoyons revenus avec plus d'hommes que nous ne devions eſperer, auſſi faut-il dire à la loüange de Mr. Guimond Ducoudray nôtre Capitaine, qu'il n'épargne rien pour contribuer à rendre ſon équipage content.

Je peu dire que nous n'avons pas été moins heureux à l'égard de nôtre Vaisseau, quoique nous n'ayons essuyez pendant la campagne que deux coups de vent; je croi que c'est assez en avoir veu pour connoître la force & la quilité du bâtiment.

Le Zéripsée Vaisseau du Roy, autant que je puis m'y connoître, est un des bons Navires qu'il y ait de sa grandeur & fort propre pour les voyages que nous venons de faire; il porte la voile parfaitement bien & va bien sur la large, & vent arriere s'il vente un peu frais, pour au plus prés il court de l'avant, mais il dérive plus qu'un autre à cause de sa construction qui est à Varangue plate, pour la Cape il l'a soutient autant bien qu'on puisse le souhaiter sans embarquer un coup de mer; il demande à être sur l'ariere, ses haubans les moins ridez qu'on pourra, mais il faut prendre garde qu'il roule beaucoup, il gouverne bien s'il est en aſſiete, il eſt pourtant un peu plus dur à arriver qu'à venir au vent, à quoi on peut remedier, en donnant moins de pente à la mature du grand maſt, qui ſelon moi tombe un peu trop en arriere, & mettre auſſi le petit maſt d'hune perpendiculaire ſur le maſt de mizaine ; nous n'avons perdu par aucun accident ny mats, ny voiles, ny vergues. Il eſt vrai que la vigilance de Monſieur Ducoudray le Capitaine, étoit extraordinaire, n'ayant pas de toute la campagne tant qu'il s'eſt bien porté couché dans des draps, étant nuit & jour à prévoir à les moindres choſes & à mettre ordre à tout, & l'on peut ſans flatterie aſſeurer qu'il eſt auſſi recommandable par ſon ſçavoir que par ſa valeur & ſon honneſteté.

Fin du voyage des Iſles.

A NOSTRE arrivée de l'Amerique nous eûmes ordre de porter au Havre de Grace les plantes & les arbres qu'on avoit embarquées pour le Roy aux Isles de l'Amerique; nous prîmes des vivres à Rochefort pour six semaines, & nous convoyâmes trois Flûtes qui devoient aller au Havre, il y en avoit une Hollandoise, chargée de peaux de Castor pour Messieurs les Interressez, on estimoit sa carguaison prés de deux millions ; les autres avoient aussi quelques ballots de Castor.

Nous partîmes le matin d'un vent de nord-est, mais le lendemain nous fûmes contraint de relacher à l'isle de saint Martin de Ré, par quatorze à quinze brasses d'eau, font de vaze.

Nous arrivâmes au Havre de Grace le dix-septiême Juin, où nous mîmes à terre toutes les plantes & les arbres destinez pour le jardin du Roy, que l'on fit conduire à Paris par la riviere.

FIN.

TABLE

Des matieres contenues en ce Livre.

B.

C.

D.

E.

Goiavier

H.

I.

L.

M.

N.

O.

P.

R.

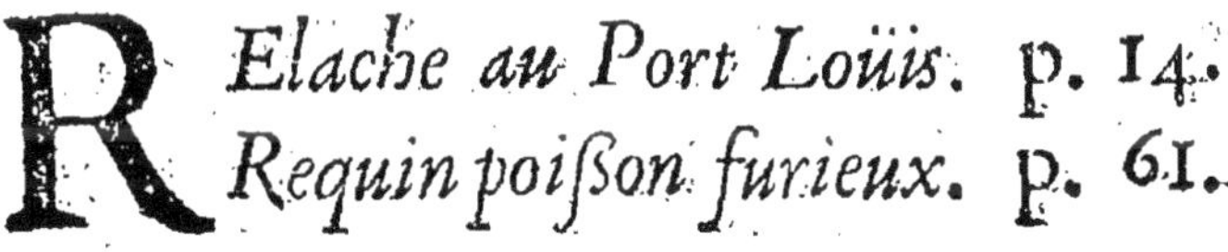

S.

T.

Fin de la Table des matieres principales contenües en ce Journal.

AU LECTEUR

QUOIQUE mon Journal des isles de l'Amerique n'aye aucun raport à la surprise de Brisack où je me suis trouvé, & que cette affaire ne se soit passée que cinq ans aprés mon arrivée, elle me paroît cependant être assez de consequence & curieuse pour en donner le détail juste & veritable à mes amis.

RELATION

De ce qui s'est passé à la surprise que voulut faire la garnison de Fribourg sur les Villes des deux Brisacks le dix Novembre 1704.

MONSIEUR de Raouçet, Lieutenant de Roy, Commandant pour lors au vieux Brisack, avoit ordre de Messieurs les Généraux, de même que Monsieur de Vvinclof, Gouverneur pour sa Majesté Imperiale de Fribourg avoit de ceux de l'Empereur, d'entretenir entr'eux toute la correspondance que pouvoit permettre le service de leurs Maîtres, afin de donner moyen aux Bourgeois des deux places & à tous les habitans du pays qui se trouvent entre d'eux d'aller & venir pour leur commerce

commerce de leurs terres & cultures de leurs biens ; Monsieur le Gouverneur de Fribourg se servant à-propos de cette occasion, commença pour faire réussir l'entreprise qui lui étoit confiée par Monsieur le Prince Eugene, d'envoyer sont maître d'hôtel à Monsieur de Raouçet avec une lettre fort honneste, par laquelle il le prioit de lui envoyer des liqueurs dont il avoit besoin ; si-tôt que son homme fut sorti les portes de sa place, il en fit lever les ponts & fit courir le bruit qu'il avoit été volé par ce domestique, afin que les habitans de Fribourg ne fussent point surpris de cette nouveauté & que personne ne pût venir nous avertir de son dessein : Monsieur de Raouçet le reçû fort civilement, lui donna toutes les liqueurs qu'il avoit, lui en fit acheter & le retira chez lui ; dans ce tems-là Monsieur de Vvinclof faisoit préparer une vintaine de chariots chargez d'armes, de grenades & de feux d'artifice, couverts par dessus de foin, se flatant que nous n'en serions pas étonné, les contributions du Brisgaut se payant en cette denrée.

Sur les neuf heures du soir du neuvième Novembre, toute la garnison de Fribourg au nombre de sept bataillons, de cent maîtres à cheval & de ces vingt chariots dont j'ay parlé, partirent aux ordres de Monsieur de Vvinclof Gouverneur de cette place, des Colonels de Bareith, d'Heilsem, d'Osnabruk & d'un Régiment Suisse, pour se rendre maître tant de nôtre place le vieux Brisack que du nouveau, ayant pour cét effet cinq bateaux qui étoient tous chargez de soldats, d'échelles & de grenades, qui avoient ordre dés qu'ils seroient maîtres du vieux Brisack de débarquer de l'autre côté pour s'emparer du neuf Brisack.

Quoique Monsieur de Raouçet n'eût eu aucun avis de ce qui se passoit, il avoit pris la précaution le jour d'auparavant de faire condamner une porte qu'on nomme du coffre & qui va aux ennemis par la foiblesse de sa garnison, n'ayant dans cette place que trois nouveaux Régimens, Guittaud, celui de Franquiere & celui de Pertuis, dont javois l'honneur d'être Major, qui tous trois ne formoient au plus que six cens hommes en état de servir, ce qui avoit engagé Monsieur de Raouçet de mettre à la porte neuve qui étoit la seule ouverte qui allât aux ennemis, trente grenadiers de garde commandez par un Capitaine de grenadiers & quinze hommes à l'avancée commandez par un Lieutenant; heureusement cette porte ne fut ouverte qu'à sept heures trois quarts du matin, afin de placer dans nos fossez douze cens païsans du Briscaut pour travailler aux ouvrages de nôtre place. Monsieur de Raouçet de tout tems avoit eu le soin d'ordonner que la barriere fut toûjours baiſſée, & que tous les chariots de foin qui entreroient pour le magaſin fuſſent viſité à coup dépée; le broüillard qu'il fit toute la nuit du neuf au dix & qui continua de la même force toute la journée du dix que ſe paſſa cette action, fut ſi épais qu'il étoit abſolument impoſſible de découvrir les demies-lunes : le matin à porte ouvrante le Maitre d'hôtel du Gouverneur de Fribourg ſortit promptement de nôtre place avec ſes liqueurs, non ſans avoir bien examiné toutes choſes, il trouva ſon Maître à une demie lieue de Briſack qui ordonnoit & faiſoit ſes détachemens pour s'emparer de tous les poſtes., avec ordre précis de ne faire quartier à aucun Officier ny Soldat, quant au Bourgeois de ne rien faire à ceux qui ne ſeroient pas ſur la déffenſive : aprés avoir bu le ratafia pour ſe donner courage., ils ſe mirent en marche & firent d'abord entrer trois chariots ſur le pont, dans leſquels comme j'ay dit il y avoit plusieurs armes, grenades, feu d'artifice, & des hommes cachez, qui avoient cependant été visitez par lépée & conduits par des Officiers de distinction tous déguisez en païsans, & entreautres du Sieur Brilliet Lieutenant Colonel d'Osnabruk, qui étoit au premier.

Un piqueur nommé Bierne, qui avoit soin des travailleurs, s'avisa soit par hazard ou que cét Officier eut trop bonne mine pour un païsan, de lui aller faire quelques questions ausquels Monsieur Brilliet ne répondit pas à sa fantaisie, tant il étoit préoccupé de l'idée de son entreprise ; le piqueur s'opiniatra à vouloir l'interroger, ce qui lui attira du Lieutenant Colonel quelques paroles qu'il ne put souffrir, & son heureuse colere le transporta si fort qu'il lui donna un coup de bâton à travers le visage.

Nôtre premier bonheur voulut que

cét Officier ne fut pas assez maître de soi-même pour sacrifier à sa patrie & au service de son Maître le ressentiment d'un tel affront, il se jetta avec fureur sur le chariot qu'il conduisoit, ce qu'imiterent ceux qui étoient autour & arrachant le foin qui couvroit les armes toutes chargées ils en prirent, & pendant que le piqueur étonné se jette dans le chemin couvert & saute dans le fossé, criant de toutes ses forces à lerte, à larme, on le salüe d'une quinzaine de coups de fusil qui ne l'attraperent pas.

Les ennemis qui commençoient à défiler sur nos ponts, creurent que ces coups de fusil étoient le signal, se jetterent d'abord sur nos sentinelles & soldats de l'avancée qu'ils écharperent à coup de hache; le Lieutenant dont j'ay parlé ci-devant nommé d'Origny, qui étoit avec ses quinze hommes, voulut prudemment aller lever son pont de la demie-lune, mais les ennemis à coup de hache couperent les chaînes & le mirent hors d'état de rendre un si bon service ; il prit le parti de se bien défendre, de tirer ses pistolets, dont il tua un Officier, il fut jetté dans le même tems par terre de cinq coups de baionnettes & toute sa petite troupe égorgée.

Cependant l'alarme étoit donnée par toute la ville & l'on sonnoit le tocsin à force ; Monsieur de Raouçet fut averti, qui étant toûjours trés alerte & se levant matin fut bien-tôt rendu à la porte attaquée, dans le moment que deux cens grenadiers ennemis tous Officiers, pousserent jusque dans la porte de la ville ; il arriva dans ce moment que le troisième chariot passant sur le pont-levis du corps de la place, eut un de ces chevaux tué d'un coup de mousquet, ce qui embarassa le pont, de maniere que les ennemis ne pouvant entrer que deux de front : Monsieur de Raouçet conservant son sang froid & son intrépidité ordinaire leurs dit de tirer à lui qu'il étoit le Commandant, & se tournant de nôtre côté il crioit fierement, que le Régiment de Guittaud, Franquiere & Pertuis se tinsent en bataille, que ces canons chargez à mitrailles ne tirassent que lors qu'il l'ordonneroit, & que ces mil hommes qu'il avoit posté sur la place ne bougeassent point ; enfin il parla comme s'il avoit été averti parfaitement de leurs entreprise & qu'il eut eu quatre ou cinq mil hommes & toutes choses dans le meilleur état du monde : un Officier ennemi voulant le tirer fut tué par un Sergent de grenadiers de Franquiere.

Comme il étoit trés matin & que le jour au dixiême de Novembre en un tems de broüillard aussi épais que celui qu'il faisoit, n'invite pas à se lever ou s'aller promener de si bonne heure ; les Officiers & soldats qui n'étoient point de garde étoient fort tranquilles, pour moi qui avoit coutume de me lever de bonne heure, je lisois auprés du feu lorsque j'entendit sonner ce tocsin, j'envoyay aussi-tôt un valet sçavoir ou étoit le feu, afin de conduire le Régiment dans le poste qu'il devoit occuper en cas d'allarme ou de feu ; je sortit en même tems assez surpris de voir les femmes toutes échevelées, leurs enfans entre leurs bras montant la ville haute & crians que l'ennemi étoit dans la place.

Je courut aussi-tôt au Régiment qui étoit sur le chemin de l'attaque & ramassay le plus promptement qu'il me fut possible ce que je trouvay & leurs donné à tous l'alarme pour venir ; je fut vîte à l'attaque, ou je trouvay Monsieur de Raouçet qui avoit déja chargé les deux cens grenadiers tous Officiers, commandez par des Chefs de Régiment qu'il avoit culbuté dans le fossé, tué ou blessé, les ennemis ne pouvant entrer que deux à deux furent donc repoussez vigoureusement ; il m'ordonna d'aller sur le rempart commander la mousqueterie où il n'y avoit encore aucun Officier, le feu du rampart & des bastions qui se garnisoient toûjours de plus en plus tua une partie des ennemis qui étoient sur nôtre pont, & entr'autres le Sr. Brillet Lieutenant Colonel dont j'ay déja parlé, qui commandoit l'avant-garde & à qui Monsieur le Prince Eugene avoit promis en cas de réüsite le commandement de la place, fut porté par terre d'un coup de mousquet à la cuisse, qui le fit tomber sur la banquette du fossé, dans le tems qu'il ressortit de la place pour aller animer ses gens à un coup de main.

Le reste pour lors par la fermeté & valeur de Monsieur de Raouçet, par le feu du rampart & des bastions se sauva au gros qui occupoit la demie-lune, aussi-tôt Monsieur de

Raouçet prit son parti, fit avancer ce chariot, déblaya le pont des corps morts & leva avec le Capitaine de grenadiers qui étoit de garde nommé Bonneval, qui y fit des merveilles, & le Sieur Pierre Fiche Lieutenant, Garçon Major du Régiment de Franquiere, dont les casernes étoient toutes proches de cette porte attaquée & qui s'y rencontra par hazard & remplit parfaitement les devoirs d'un brave homme : ils leverent donc le pont-levis & rendirent de cette maniere un service à l'Etat, d'autant plus remarquable que cette entreprise étoit tout-à-fait bien concertée, & que l'ennemi à force ouverte n'oseroit entreprendre avec cent mil hommes, ce qu'il manqua d'executer avec deux ou trois mil.

Il n'y avoit dans le commencement de l'affaire que Monsieur de Raouçet, le Sieur de Bonneval qui étoit de garde & le Sieur Pierre Fiche qui s'y rencontra par hazard & amena vingt soldats avec lui de ses casernes qui étoient toute proche & les soldats de garde à la porte ; le grand feu qui augmentoit toûjours des deux bastions & du rempart obligerent les ennemis de quitter la demie-lune qu'ils avoient occupez au nombre de quatre cens hommes & le chemin couvert, dans lequel on trouva trois Officiers blessez, trente soldats tuez des ennemis & cinq cens fusils, avec plusieurs haches que les blessez furent obligez d'abandonner.

A l'attaque de la porte de la ville il y eut deux ou trois Officiers de distinction tuez, un Lieutenant Colonel pris prisonnier, avec une trentaine d'hommes tuez ou blessez, le pont du corps de la place étoit tout couvert de corps d'Officiers, Majors tuez, ce pont lorsque les ennemis se retirerent à la demie-lune étoit si rempli de troupes qu'il en tomba de côté & d'autre une vingtaine qui furent fait prisonniers.

Les Bourgeois de la place prirent les armes au nombre de plus de trois cens qui vinreni au secours & remplirent dignement leur devoir, aussi bien que tous les Officiers, Ingenieurs & Artillerie de la place ; tous les habitans François témoignerent beaucoup de zele dans cette occasion, en mon particulier je fut trés fort courroucé contre un à qui il arriva malgré ma deffense ce qui suit.

Le Sieur Brillet Lieutenant Colonel d'Osnabouth, homme d'une valeur & d'une intrépidité merveilleuse, étant tombé de ce coup de mousquet à la cuisse sur la banquette du fossé me cria en fort bon François que nous nous souvinssions de la bataille d'Hockhtet, demendant quartier, j'ordonnay à toute ma petite troupe de tirer devant eux à la demie-lune & sur le pont, & de ne point tirer à cét Officier blessé, qui étant sous nous trés proche malgré le broüillard étoit pleinement veu, un Bourgeois François qui s'étoit meſlé parmi les ſoldats malgré ma deffenſe lui tira un coup de fuſil dans l'épaule dont il mourut le lendemain ſur les cinq heures & demie du ſoir tout commençant à être tranquille, Monſieur de Raouçet fit baiſſer le pont pour envoyer à la découverte un détachement, & l'on prit le Sieur Brillet dans un matelat que l'on porta dans une hôtellerie de la baſſe ville, Madame Roſe bru de Monſieur le Marêchal de ce nom, qui étoit venu voir Madame Raouçet la veille de cette action, ſe trouva dans la ville le matin, & je ſuis perſuadé que les vœux redoublez & les prieres de toutes les Dames reïterées du plus profond de leur cœur, ne ſervirent pas peu à nous attirer les ſecours du Ciel: les Dames revenue de leur terreur furent bien aiſe de ſe venir promener a nôtre petit champ de bataille & furent curieuſes de voir ledit Sieur Brillet, qui avoit été en garnison dans le tems que la ville appartenoit aux Imperiaux, on les y conduisit & un Officier s'adressant à ce Monsieur qui étoit couché sur un mauvais matelat, dans un poële tourné du côté du mur, souffrant extraordinairement de ses blessures, lui dit Monsieur, voici Madame Rose, fille de Monsieur le Maréchal, Madame Raouçet, épouse du Commandant de la place, Madame la Commissaire &c. qui viennent pour vous voir; lors cét Officier se tournant vers elles leurs dit en François, Mesdames que je suis obligé à la charité que vous avez de venir voir le plus malheureux de tous les hommes, si j'avois été à la tête de deux cent François je serois presentement maître de vôtre place, mais le Seigneur ne l'à pas voulu; Madame Rose prit la parole & lui dit qu'elle souhaiteroit bien trouver l'occasion de pouvoir lui être utile à quelque chose, qu'elle étoit bien fachée de le voir dans un si triste état, mais que le Chirurgien asseuroit que ses blesseures n'étoient pas dangereuses; il l'interrompit dans cét instant, en lui disant d'un ton le plus pitoyable du monde, qu'il demandoit de tout son cœur pardon au Seigneur, de l'impatience qu'il avoit de ne pas survivre à un aussi cruel malheur que celui qui lui étoit arrivé, qu'il ne comprenoit pas comment il avoit manqué son coup, il mourut le lendemain avec toute la fermeté du monde, & sans aucun regret à la vie.

Monsieur de Raouçet monta sur le rempart aprés que son pont fut levé & m'ordonna d'aller commander au bastion qui donne sur les écluses, aussi-tôt que j'y fut arrivé j'y postay une quarantaine d'hommes, j'apperçeus dans ce tems au travers du broüillard qui continuoit toûjours de la même force, une trantaine d'hommes qui étoient dans ún tas dans

dans le chemin couvert & qui ne remuoient point, leur bonheur voulut que je ne fisse point tirer, j'ordonnay à mes soldats de présenter leurs armes & fit demander en Allemand à ces gens ce qu'ils faisoient là, & qui ils étoient, ils répondirent qu'ils étoient de ces pauvres païsans dés douze cens commandez du Briscaut pour les travaux de nôtre place, je leurs fit dire de ne pas remuer qu'autrement je les ferois assommer, & envoyay avertir Monsieur le Major de la place; il se trouva que ces pauvres gens étoient veritablement du nombre de ces païsans, qui pour éviter leurs mort s'étoient refugiez un peu loing de l'attaque & attendoient que tout fut passé; je me seu bon gré de m'être possedé un peu dans cette occasion: Monsieur de Raouçet fit faire une recherche exacte de tous les étrangers qui pouvoient être dans la place, toute la garnison étant sous les armes.

Les ennemis aprés avoir manqué leur coup coulerent à fond leurs bateaux aprés les avoir déchargez : en verité Monsieur de Raouçet devoit ètre bien content, puisqu'avec six cens hommes tout au plus, l'ennemi déja dans la place, n'ayant pu dans le commencement ramasser que cinquante hommes & trois Officiers, il les en chassa si heureusement.

Nous n'eûmes que vingt soldats tuez ou blessez de la garnison, la plûpart du corps de garde de l'avancée; les ennemis ont avoüé depuis qu'ils trouverent à leurs retour à Fribourg plus de trois cens hommes de perte.

Le Roy a donné au Sieur Bonneval Capitaine de grenadiers, cinq cens livres de pension; au Sr. Pierre Fiche, trois cens livres de pension, & au Piqueur cent cinquante livres aussi de pension : pour Monsieur de Raouçet il n'a encore rien obtenu, il est à croire que sa Majesté qui recompenſe avec tant de bonté & de liberalité les belles actions, ne laiſſera pas celle-ci, qui a ſauvé ſans contredit une bonne partie de l'Alſace & dont les ſuites auroient été trés facheuſes ſans une recompence proportionnée à la valeur, vigilence & bonne conduite de Monſieur de Raouçet.

F I N.

COPIE

De la Lettre de Monsieur de Raouçet à Monsieur de Vvinclof Gouverneur de Fribourg le onzième de Novembre, lendemain de l'action 1704.

JE ne croyois pas Monsieur, qu'un homme qui fait profession d'honnête homme, d'eût se servir des voyes aussi indignes que celles que vous avez prises pour surprendre la ville de Brisack. Je n'ignore point que l'on ne doive faire tout ce que l'on peut pour l'interest de ses Princes, mais je crois l'Empereur trop juste pour ne pas vous blâmer, de m'envoyer un de vos valets sous la bonne foi d'un passeport que j'ay bien voulu vous donner pour vos interests, comme une chose qui ne se refuse guere à gens revêtus de vôtre caractere, mais que ce même valet d'eût servir d'espion pour l'execution de vos desseins, je ne puis vous le pardonner, & ne dois vous regarder que comme un homme peu experimenté dans le fait de la guerre, & dont le peu de capacité a eu besoin de toutes les fourberies pour aussi mal reüssir dans vos projets que vous avez fait; j'aurois cru que le ratafia que l'on vous avoit porté vous auroit donné assez de cœur pour mieux remplir vôtre devoir & disputer avec moi l'interest de nos Princes, au lieu de vous tenir à la portée de mes coups j'auray soin une autrefois de vous en envoyer d'une nature à vous engager à mieux prendre vos mesures, puisque je suis bien aise de vous dire qu'avec cinquante hommes où j'étois à la tête, j'ay trouvé le moyen de chasser de ma ville vos deux cens Officiers de l'avant-garde, aprés en avoir fait perir la plus grande partie ; jugez Monsieur, si le reste de ma garnison eût eu le tems de s'y rendre, quel plaisir n'aurois je point eu, de vous rosser comme vous le meritez, vous n'avez qu'à prendre à l'avenir le parti que vous jugerez le plus à propos, je tâcheray de vous recevoir de maniere à vous dégoûter de vos entreprises.

Avertissez tout vôtre pays que je vous regarde comme un homme pour lequel je cesse d'avoir de la consideration, & que tous les Bourgeois qui ont des passeports de moi seront trai-

tez comme vous même, en veritables ennemis, remplis de trahison; j'ay bien voulu encore par charité faire cartier à plus de quarante prisonniers que j'ay fait, & faire penser vos blessez, mais ne croyez pas que ce que j'en fais soit pour vous faire plaisir, c'est l'avis que vous donne.

Fin de la Lettre.

COPIE

De la Lettre que Monsieur le Gouverneur de Fribourg a écrit à Monsieur de Raouçet le onziême Novembre 1704.

MONSIEUR,

VOUS sçavez mieux que moi les regles de subordination qu'il y a dans le metier de la guerre, & avec qu'elle exactitude gens comme nous sont obligez d'entreprendre aveuglément coute qu'il coute l'execution des deßeins conçeus dans le cabinet de ceux à qui nous devons une souveraine obeïssance, de même qu'à ceux qui ont l'honneur d'être revêtus de leur autorité

autorité : un ordre parti de ce dernier endroit a donné lieu à la journée d'hier de la maniere dont enfin elle s'est terminée ; je ne puis croire que vous m'en vouliez plus de mal, puisqu'elle vous a fourni dequoi faire paroître vôtre grande conduite & vôtre intrepidité dans une occasion & dans une surprise aussi peu connüe, stratageme qui auroit eu neanmoins son effet, si la bravoure de tous les soldats avoit imité celle des Officiers, & je serois certainement maître de vôtre place si des soldats de recrüe dont ma petite troupe étoit presque entierement composée, eussent été capables de faire leur devoir, mais ayant été impossible de les faire mordre à l'ameçon de gloire où les autres étoient acharnez ; une entreprise si bien concertée, sans vanité & ſans contredit, juſques-là ſi bien executée, à tourné à vôtre ſalut & à vôtre avantage : croyez Monſieur, s'il vous plaît, que de bon cœur je vous felicite ſur l'honneur perſonnel qu'il vous en revient, & qu'aprés le chagrin de n'avoir pu mettre à perfection un œuvre ſi eſſentiel au ſervice de ſa Majeſté Imperialle mon Maître ; le ſeul déplaiſir qui me reſte c'eſt la perte du Lieutenant Colonel & du Major de Baregt & du Lieutenant Colonel d'Onaſbruch & des autres Officiers, de même que des ſoldats qui ont ſi bien merité de ſurvivre à cette action ; toutes ces choſes à part, je me flate Monſieur, que la neceſſité où nous nous trouvons pour l'avantage & le ſoulagement des habitans d'entre nos deux places & pour leur don-

ner moyen de contribuer des deux côtez, la correspondance qui a jusqu'ici été entre nous n'en aura aucune atteinte, de même que les offices d'amitié & de civilité reciproque, que la bien seance & la proximité nous ont fait entretenir, étant pour ce qui me regarde toûjours dans les mêmes sentimens d'estime & de consideration pour vous que j'avois auparavant, & desirant avec plus d'ardeur que jamais vous prouver le cas particulier que je fais d'un aussi honneste homme, & aussi brave que vous êtes ; sur ce pied l'a Monsieur, & si autant que les services le peuvent souffrir, vous me jugez encore digne de l'honneur de vôtre bien veillance, je vous en demande la continuation & suis prest de tenir avec vous les mêmes facilitez que ci-devant, c'est-à-dire d'observer ce dont nous étions convenus, pour donner moyens aux bourgeois de nos deux places & aux habitans du pays qui se trouvent entre-deux, d'aller & venir pour leur commerce, pour la culture de leurs biens & terres, & pour la perception & recolte de leurs fruits, revenus & rentes : le renvoy que je fais de deux des trois bourgeois de Brisack qui se rencontrerent hier dans mon chemin & que je ne fis arrêter que par raison de guerre, vous marquera cette même bonne disposition, le troisiême de ces hommes échapa à la garde ; ils n'ont reçeu aucun autre déplaisir que de venir à Fribourg, & on ne leur a pas pris la moindre chose ; au surplus Monsieur, ayant toûjours une trés grande con-

fiance à vôtre generosité, j'espere que les Officiers & soldats de mon parti qui peuvent être restez prisonniers de guerre dans vôtre place, recevront de vous le même bon traitement que les vôtres qui sont ici reçoivent de nous, & sur tout que vous aurez la bonté de faire pancer & prendre soin des blessez, dont la plûpart déguisez en païsans & conduisans les chariots sont de distinction.

Je me trouve à ce propos obligé de vous dire que tous ces chariots & équipages dont je me suis servi appartiennent à des lieux que j'ay contraint par execution militaire, & qu'ainsi j'ay sujet de croire que vous ne leur ferez essuyer aucun ressentiment de tout ce qui s'est passé; ces pauvres gens qui n'ont rien sçeu de nôtre entreprise en étant innocens, n'ayans obey que par une extrême contrainte, & nous ayans la plus grande partie abandonné leursdits équipages, que ces mêmes Officiers & soldats ont seuls conduits dans vôtre place. C'est par cette raison aussi que j'espere que vous aurez la charité de rendre à ces gens-là qui payent la contribution, ceux de leurs chevaux, bœufs, chariots, qui vous sont restez entre les mains : revenant Monsieur, aux prisonniers que vous avez de la journée d'hier, si vous voulez bien m'envoyer un état de leurs noms & qualitez, je vous en seray particulierement obligé, & nous aviserons aux moyens de les échanger, soit avec ceux des vôtres qui sont ici, soit avec d'autres. Je suis tres parfaitement, &c.

EXPLICATION DES TERMES DE MARINE.

PAGE 17. *Para*, éviter.

Page 18. *Faire eau*, prendre de l'eau fraiche.

Pape 18. *Sinisterre sinisterrarum*, fin des terres.

Pape 18. *Hunniers*, Voiles au dessous des grandes Vailes.

Page 25. *Nous arrivâmes*, nous prîmes le vent.

Page 26. *Stribord*, la droite.

Page 27. *Le pilote se faisant*, c'est-à-dire, estimant qu'il étoit à midi, &c.

Page 43. *Creoles*, Originaires du pays, nées de François.

Page 48. *Negres Marrons*, Esclaves qui se sauvent dans les bois.

Page 79. *Savannes*, prairies.

Page 103. *Ancre d'affourche*, c'est un second ancre pour mieux retenir le Vaisseau.

Page 106. *Forban*, Vaisseau armé de Brigans qui prennent sur toutes sortes de nations & qui n'ont aucune Commission.

Page 108. *Amaré*, attaché.

Page 109. *Carguaison*, charge.

Page 110. *Freta*, arma.

Page 131. *Capesterre*, c'est-à-dire, *caput terra*, teste de terre, car comme le vent tire toûjours de l'Orient à l'Occident, cette partie de la terre qui fait face au vent est appellée *Capesterre*, & celle qui est au dessous, *Basse-terre*.

Page 175. *Boucannez*, sechez au soleil ou à la fumée,

Page 220. *Desfresla*, laissa tomber.

Page 220. *Petit hunier*, voile au dessus de la grande.

Page 220. *Desafourcher*, lever l'ancre d'affourche.

Page 221. *Ris*, plis aux voiles.

Page 221. *Rester en panne* c'est mettre les voiles de maniere que le Vaisseau n'avance ny recule.

ERRATA.

Page 28. *ligne* 3. *lisez* farines. *pag* 37. Madamna, *lis*. Madanina. *pag*. 42. vil *lis*. bel. *pag* 44. ou on laisse *lis*. ou on les laisse. *pag* 50. Caracueira *lis* Caracusira. *pag*. 58. poir *lis*. poire, lesquelles *lis*. les caisses. *pag*. 60. Machenibier *lis* Machenilier. *pag*. 94. 95. & 96. Nusves *lis*. Niesves. *pag*. 97. *lig* 8. *lis*. eût. *p*. 101. laisseroient *lis* lasseroient. *pag*. 122. 123. & 124. Erables *lis*. Crables. *pag*. 126. *lig*. 1. *lis* de secours. *pag*. 137. marez *lis* mares. *pag* 139. d'Amioga *lis*. d'Antigoa. *pag*. 173. confiance *lis*. mêfiance, inviterent *lis*. inviter. *pag*. 188. la Honne *lis*. la Zone, *pag*. 192. en *lis* un. *pag*. 281, crestal *lis*. cristal, Caracoles *lis*. Caracolis, *pag*. 220. fresta *lis*. fresla. *pag* 223. Morts *lis* Essirs. *pag* 226, la large, *lis*. largue, *pag*. 227, à les moindres *lis*. aux moindres.

www.ingramcontent.com/pod-product-compliance
Ingram Content Group UK Ltd.
Pitfield, Milton Keynes, MK11 3LW, UK
UKHW020442200726
13857UKWH00002B/536

9 782012 8900